为什么精英都有超强
专注力

[日]西多昌规 著 李汉庭 译

FOCUS

CTS 湖南文艺出版社 博集天卷

图书在版编目（CIP）数据

为什么精英都有超强专注力 / (日) 西多昌规著；李汉庭译 . — 长沙：湖南文艺
出版社，2018.5（2020.10 重印）
ISBN 978-7-5404-8620-4

I.①为… II.①西… ②李… III.①成功心理 – 通俗读物 IV.①B848.4–49

中国版本图书馆 CIP 数据核字（2018）第 054277 号

著作权合同登记号：图字 18–2017–264

SEISHINKAI GA OSHIERU SHUCHURYOKU NO LESSON
© MASAKI NISHIDA 2014
Originally published in Japan in 2014 by DAIWA SHOBO PUBLISHING CO., LTD.
Chinese (Simplified Character only)　translation rights arranged with
DAIWA SHOBO PUBLISHING CO., LTD. through　TOHAN CORPORATION, TOKYO.

上架建议：商业·成功励志

WEISHENME JINGYING DOU YOU CHAO QIANG ZHUANZHULI
为什么精英都有超强专注力

作　　者：[日]西多昌规
译　　者：李汉庭
出 版 人：曾赛丰
责任编辑：薛　健　刘诗哲
监　　制：蔡明菲　邢越超
策划编辑：李彩萍
特约编辑：温雅卿
版权支持：闫　雪　孙宇航
营销支持：李　群　张锦涵
版式设计：梁秋晨
封面设计：刘红刚
出版发行：湖南文艺出版社
　　　　　（长沙市雨花区东二环一段 508 号　邮编：410014）
网　　址：www.hnwy.net
印　　刷：旺源文化发展（天津）有限公司
经　　销：新华书店
开　　本：880mm×1270mm　1/32
字　　数：160 千字
印　　张：6.5
版　　次：2018 年 5 月第 1 版
印　　次：2020 年 10 月第 4 次印刷
书　　号：ISBN 978-7-5404-8620-4
定　　价：45.00 元

若有质量问题，请致电质量监督电话：010-59096394
团购电话：010-59320018

前言

"要是更专注一点，就可以早点下班回家了。"

"如果念书能更专心，成绩就会更好了。"

"家里有太多事情得做，但是每件事情都做得虎头蛇尾，要是能专心做完就好了……"

人的一天只有二十四小时，大家当然希望能更有效率地运用时间，获得更优质的成果。

上班族当然希望能快点把工作做完，早点回家，好好享受人生。考生当然希望能专心念书，考出好成绩。

而每天忙个不停的家庭主妇，如果能专心做完家务，就有更多时间投入兴趣与爱好。

时代变了，日常生活中出现了越来越多的设备，来提高我们的工作效率。

互联网可以让我们快速取得信息，电子邮件与社群网络（SNS）可以让我们随时与他人联系，智能手机的普及更让我们能够全天候享受网络的便利。

但讽刺的是，信息技术进步原本是为了让人类生活更方便、工作更专注，却反而降低了我们的精神集中程度。美国身为科技大国，科技成瘾问题十分严重，近年出现许多没有带手机就会心慌的人，称为"Nomophobia"，全名是"No-Mobile-phone Phobia"，意思是"无手机恐惧症"。其实我们多少都有这个症状，这让我们的专注力比之前低了一些。

当生活被网络占据，我们的休息时间就减少了，我们不仅二十四小时都在收发电子邮件，而且全年无休。以前工作可以放到隔天再处理，现在"多亏"了网络，当天就得完成。

我们工作的速度与质量远超上一个时代，所以对事情也需要投注不同程度、质量、速度的专注力。如果在紧张的环境中，还强迫自己长时间心无旁骛，反而是错误的专制做法，只会让自己过劳而身心受创。

我本身是神经科医生，常诊断一些缺乏"专注力"的病症，例如抑郁症、思觉失调症等。尤其在治疗抑郁症的过程中，我发现，食欲不振与失眠比较容易用药物治疗，但是集中力低下却很难得到改善。本书之所以想要探讨"专注力"，也是因为我个人希望找出答案。

从脑功能方面来看，专注力的问题更是相当深奥，最近也有越来越多患者上门求诊缺乏专注力的问题，也就是知名的注意缺陷多动障碍（ADHD）。

其实不仅患者缺乏专注力，就连医学生、实习医生，甚至在讲座上碰到的同行，也经常问我"怎样才能有更强的专注力"。我本身也是一个只有三分钟热度、专注力很快就涣散的人，每次听课时都会不自觉胡思乱想，漏听了重要的部分。由于有这些经验，所以我非常在意自己的专注能力，试图寻找解决问题的方法。

本书所提到的知识与技巧，不仅可以帮助商务人士提升专注力、提高效率，还可以帮助学生、家庭主妇、小朋友，甚至银发族解决缺乏专注力的问题。希望本书能够帮助各位集中精神。

最后我要强调，提升专注力并不是为了成为顶尖的白领或书呆子，而是为了更快结束工作，获得更多空闲时间，打造更丰富的人生。与各位读者共勉之。

目录

第二章　调整生理时钟，强化专注力的七项技术

第三章　设定目标、提升专注力的七个方法

第四章　在网络时代维持专注力的五大诀窍

第五章　强化专注力的八个生活习惯

第六章 六种休息好方法让你持续专注

第七章　靠心灵控制来锻炼专注力的五个条件

第 一 章

八堂课让
你了解大
脑习惯,提
升专注力

学会"积极专注"
与"消极专注"

■ "想做的事"与"勉强做的事"
要使用不同的专注方式

"想要考证，但是没办法专心准备……"

"主管叫我做的报告有什么意义吗？很想专心早点做完，可是没动力……"

有两个人在自己的座位上喃喃自语，看起来都烦恼着无法专心做该做的事情。

你以为这两个人无法专心的原因相同，但如果我说其实不同，你会不会吃惊？实际上又有哪里不同？

第一个人想准备证件考试，如果是公司逼他考的另当别论，但通常会考证的人都是想多学一技之长，这是"积极"的行动。

第二个人则是要做一件没兴趣的文书工作，不是他本人的意愿，而是被迫不得不办，属于"消极"的行动。

针对自己想做与不想做的事情，专注的方法不一样，前者属于"积极专注"，后者则属于"消极专注"。

■ "积极专注"就是以"开心"作为努力的诱因

"积极专注"的特色，就是动力来自他人的赞美，或者想达成某个数值化的目标。比如你为了留学而学习英文，只要有人对你说"你英文变好了""发音更标准了"，你就会更有动力去学习。或者你的托福或托业分数比上次高，达成一个数值化的目标，就能刺激"积极专注"。要发挥"积极专注"的效果，关键在于一开始不要挑战太困难的事情。虽然每个人认定的困难程度不同，但若一开始就挑战自己绝对办不到的事情，当然不会成功，不成功就无法体会达成目标的喜悦。

"积极专注"的重点，在于从"有点难又不会太难的事情"开始做，比如反复做一套不算太难的题目，就会让人比较专心。

另外，在"积极专注"的过程中，要尽量想象一些正面的事情，例如成功之后的喜悦或报酬。毕竟专注的目标是自己想做的事情，当然要有正面心态。

■ 如果必须专注处理不想做的事情，就要利用危机感与恐惧感

反之，如果目标让你觉得没有意义、无法接受、提不起劲，却还是要专心处理，又该如何是好？

这种"消极专注"的原动力，其实就是对来自他人的愤怒与批评所产生的恐惧。"这些文件三两下就该处理完了吧！""这点小事都做不好，还有什么用！"你怕上司的责骂，这会激发你不得不做的动力。

当你预知他人会批评、责骂，"消极专注"就会被激发。

如果课题太困难，消极专注也跟积极专注一样撑不久，但是消极专注可以让你挑战稍微困难一点的事情。因为要是自认困难而放弃，你就得承受严厉的批评。

可笑的是，当你心中越充满危险、责骂、处罚、痛苦等负面情绪，"消极专注"的效果就越明显。想必很多人都曾因为怕考试考不好而临阵磨枪，"落榜""重考"的负面压力就是专注的原动力。

窍门如下："积极专注"靠乐观心态，"消极专注"靠悲观心态。根据专注目标来调整心态，就能自由控制专注力。

！ 专注力要领

"积极专注"要想象报酬，"消极专注"要想象处罚

☐ "积极专注"：可以把成果画成图表来刺激斗志

☐ "积极专注"：要从比较简单的事情开始

☐ "消极专注"：要想象失败的惨痛下场

☐ "消极专注"：可以让你挑战比较困难的事情

没效率的多任务会
降低信息处理能力

■ 人脑本来就无法执行高难度多任务

首先希望读者了解一个事实："人类无法同时处理两件重要的事情"。很多人说商务人士必须有同时处理"多任务"的本事，但这对大脑来说真的比较有效率吗？

所谓多任务就是同时处理两件以上的事情，比如边制作简报边检查电子邮件，甚至同时浏览文档……但实际上无论做哪件事，当下都只能把心思花在一件事上。

除了工作，我们听声音、看影像、触碰物体，大脑处理的所有信息也都是一种作业。我们可以边看电视边工作或边念书，但是很难专心。边听别人说话边学英文，也是难如登天。

同时处理多个需要专注力的信息，是没有效率的"多任务"，反之，如果信息不需要专注力来处理，那么多任务也不成问题。

边听音乐边喝咖啡就不算多任务，有些动作反而可以帮助主要作业顺利执行。除非你是音乐家或咖啡品尝师，否则一般人应该都可以边喝咖啡边听音乐。

人的专注力有极限，有个专有名词叫作"极限容量"，是说我们无论多努力、多有技巧，都不可能有无止境的专注力。

■ "圣德太子传说"是子虚乌有[①]

方才提到专注力有极限，接下来要确认"注意"与"专心"的含义。

---

① 译注：传说圣德太子有"丰聪耳"，十个人争先恐后同时向他陈情，他依然能明确回答每个人不同的问题。

人脑如何提升效率？答案是强化某项特定感官的功能，同时降低其他感官的功能，避免碍事。比如念书的时候主要使用视觉，所以专心念书的时候就不会注意到身边的噪声。

专心其实就是感官之间的权重协调。

想专心就需要集中注意，注意就是把意识投注在特定的事项上，比如走在路上突然发现"啊，那是我认识的 A"。大脑就会把意识投注在 A 身上。投注意识就是"注意"。

"注意"是大脑的基础能力，用来记忆或思考。

如果大脑的注意功能因为某些因素而出现障碍，就会影响各方面的认知功能。抑郁症与 ADHD 的患者经常忘东忘西，通常是因为注意功能发生了障碍。

射箭与飞镖必须射中目标才算得分，注意也一样，它要把意识投注在目标上，大脑才能发挥功能。

控制意识投注的过程称为"选择性注意"。

多任务的缺点就在于无法顺利注意。同时出现多个课题要处理，注意范围就会放大，信息处理的动作也会变得乱七八糟。

如果不想分散专注力，就要锁定一个被关注对象，简单来说，念书的时候最好不要把数学课本与语文课本同时放在书桌上。

！专注力要领

如果事情都很急，一次处理一件比较有效率

☐ 同时面对多件事情时，先决定优先级

☐ 列出清单之后务必逐一解决

☐ 放点轻柔的音乐，可以避免环境噪声打断专注力

奖励可以控制多巴胺，
刺激专注的意愿

■ 多巴胺怎样用才好

与专注力关系最密切的神经传导物质，就是多巴胺与正肾上腺素。多巴胺可以造成欢喜、快乐，甚至成瘾，那它对专注力又有什么影响？

我不打算介绍晦涩的脑科学研究论文，让我们来聊聊临床案例吧。

有一种治疗抑郁症与躁郁症的药物，叫作安立复（ABILIFY，学名 Aripiprazole，即阿立哌唑）[①]，原本用来

---

① 译注：安立复是一种多巴胺调节剂，在不同脑部区域有不同作用，可能造成增强或抑制的效果。

治疗思觉失调症，有抑制多巴胺分泌的效果。医界认为思觉失调症是因为多巴胺分泌过多，才会造成幻觉与妄想，所以用药物抑制多巴胺的分泌，可以减轻症状。

但是抑制多巴胺的分泌会造成许多副作用。在安立复问世之前，抗抑郁药物的副作用包括怠惰、失去思考能力等。很多患者因此抱怨自己无法发挥专注力。

而安立复不仅会抑制多巴胺分泌，还具有强化多巴胺作用的功能，这对怠惰与缺乏专注力的患者来说是个好消息。搞笑团体松元House的House加贺谷先生把自己对抗思觉失调症的经历写成《思觉失调症来了》一书，清楚地描述了他靠安立复重回社会的经验。

根据我的临床经验，旧的抑郁症用药确实能带来"心情愉快""减少烦恼"的效果，但很少具有提升专注力的功能。新药能提升专注力与斗志，经过许多临床实验，才成为公认的抑郁症辅助用药。

■ "奖励自己"是有效的，但请适可而止

我们知道，提升多巴胺的功能就可以提升专注力，但是对所有事情都专注，并不能算是好的专注力。

而且要小心多巴胺效果太强，会产生"不能没有你"的成瘾症状。不是只有毒品之类的禁药会成瘾，赌博、购物、上网、性爱也都会让人上瘾。人若对这些行为上瘾，当下的专注程度会把旁人吓破胆，但这样长久下来通常不会有好下场，只会凄惨落魄。

如果希望正面强化多巴胺，除了前面提到的药物，还要避免靠容易上瘾的行动来提升斗志。我们经常用某些奖励刺激自己更专注、更有斗志，比如"事情做完了就自我奖励一下"，但如果"自我奖励一下"的花费与频率越来越高，最后一定会上瘾。

■ 利用"对未来的期望"提升专注力

多巴胺不是只对快乐与利益有反应，我们还发现，对未来的期待、未来的好处，也能够刺激多巴胺。例如：

"只要拼下去，或许我就会升官！"

"再拼一下就是长假，到时候可以好好休息！"

可见不一定要靠金钱或物质才能刺激多巴胺。

如果你不得不专注，就练习想象未来的好处吧。"好处"可能是钱，可能是时间，只要你觉得好就可以。买名牌或吃大餐也可以偶尔为之，但小心别买过头、玩过头。

！ 专注力要领

"未来的好处"要尽量想得具体

☐ 买些好吃的零食，工作空当就来个下午茶

☐ 写张购物列表，达成目标就奖励自己

☐ 先订好旅行计划，在期待中工作

"截止时限"与"休息"
可以活化专注力激素

正肾上腺素让你能够"狗急跳墙"

"糟糕！明天就到期了，这样下去肯定来不及啦！"

很多人都知道重要的事情应该要先做，但总是死到临头了才会专心处理。换个角度来说，这种人平时虽然总是拖拉懒散，但到了紧要关头就是特别有专注力。

为什么"狗急"就能"跳墙"？因为当大脑发现自己陷入危机，就会分泌一种神经传导物质，叫作"正肾上腺素"，让人发挥无比强大的专注力。

正肾上腺素是用来逃避危险与压力的神经传导物质，假

设我们看到狗要咬过来，或是可疑的危险人物，就会进入紧
张的警戒状态。这种压力会刺激正肾上腺素分泌。

　　所以正肾上腺素可以提升专注力，让你更专心。期限将
至或者主管给的压力，都是刺激正肾上腺素的压力来源。如
果一个人学习态度懒散，不在乎学习效果，效率就不好，这
也是正肾上腺素不足的关系。

　　所以人要专心，就少不了正肾上腺素。

▓ 三招提升正肾上腺素的功能

　　我们来想想，有什么好方法可以强化正肾上腺素的功效？
根据前面的理论，要刺激正肾上腺素分泌，最简单的方法就
是对自己施压。

　　第一个窍门，就是设定截止时限来逼自己专心，称为"截
止效应"，只要设定截止时限，必然会感到紧张。但是自己
设定时限总会偷懒，想着"明天再做就好"，所以把时限公
之于世会更有效果，例如可以向旁人发下"我要在……之前
完成！"的誓言。

第二个窍门，就是在专注的空当安排"休息"。正肾上腺素的源头是压力，而长时间的专注会让大脑与身体疲惫。如果是临阵磨枪准备考试，考完还可以好好放松一下，但如果每天都被不同的期限追着跑，渐渐地就会精疲力竭，反而无法专心。适当的休息是为了再次分泌正肾上腺素，所以它相当重要。

最后一个窍门跟"休息"的道理一样，那就是正肾上腺素不能浪费，也不能用过头。所以要避免长时间持续工作或念书，困难的工作之间要安插简单工作来喘口气。用压力逼自己专心，时间久了会身心俱疲。

如果要正确刺激正肾上腺素分泌，工作不能太简单，也不能太难。太简单的考题，一眼就懂的课本，是否反而让你无法专心、昏昏欲睡？但另一方面，当你正紧张兮兮的时候遇到非常困难、难以理解的事情，是否也无法专心将其消化？

想要正确利用正肾上腺素来提升专注力，最好的方法就是用容易理解的事情，搭配要专心才能理解的事情。

！　专注力要领

好好安排期限、休息、工作（学习），就能专心达成目标

- [ ] 设定截止时限
- [ ] 做完了或感觉累了就要休息
- [ ] 简单与困难的事情要交互穿插

你如何抵抗破坏专注力的恶势力——"噪声"

专注的时候，大脑其实在偷懒？

专心并不代表大脑所有功能都在全力运转，专心的意义在于让大脑该活动的部分活动，该休息的部分休息，借此分配不同功能的权重。

方才已经说过，专心就是决定一个注意的方向。除此之外，注意还可以分为"主动注意"与"被动注意"。

专心工作或念书就属于主动注意，主动注意是指主动把意识投注在该做的事情上。例如，念书就是主动把意识投注在课本上。

至于被动注意，就是原本专心做某件事情，意识却被其他突然发生的变化所吸引。比如突然一个大声响，转头一看有只猫冲了出来。这也称为反射注意。

有学者研究过主动注意状态下的大脑状态。美国华盛顿大学的麦克斯·莱克尔教授带领研究团队，在 2007 年发表了大脑在专心状态下的（核磁共振摄影）影像。根据这篇论文，大脑专心的时候顶叶附近特别活跃，而且不是只有顶叶活跃，连额叶的神经细胞也受到影响而活跃起来。然而，除了这两个区域，其他部分并不活跃，不活跃的意思就是处于休息中。

当人专心处理某件事时，只有工作需要的大脑区域会活化，其他部分则会休息。这件事情告诉我们"专心"会降低大脑活动，只活化必要的部分来提高效率。

■ 好噪声与坏噪声

接着我们来探讨专心杀手"噪声"与专注力的关系。

先说结论，只要噪声与自己有关，或者具备有意义的信息，就会破坏专注力，但像风声、雨声等大自然的噪声，反而有助于提升专注力。

· 地铁上的邻座乘客在打手机
· 咖啡馆的邻座客人在大声聊天

在这样的状况下，我们很难专心处理重要工作或念书。就算说话的内容与自己无关，只要你了解对话内容，就会变得不专心。

比如你在咖啡馆，隔壁座位的贵妇团大声聊着怎么穿搭，小孩要考什么学校……就算你对这些内容没有兴趣，但只要其中包含你理解的信息或词语，像是服饰品牌与学校名称，你还是会不自觉听进去。这些声音信息就会影响大脑。

你的专注力会因此降低，因为这些信息刺激了原本不必活动的大脑区域，大脑就无法安排功能的权重。

或许有些专心高手可以切断这些谈话声，避免不必要的大脑活动，但绝大多数人很难做到。

其实有个简单的方法可以避免专注力（大脑）受到这些噪声的攻击。那就是听些大自然的风雨声，或者播放自己喜欢的音乐，就能忽略那些打乱大脑功能的声音。

我们不喜欢有意义、会刺激多余大脑区域活动的噪声。除了这些，大脑无法理解内容的噪声则称为白噪声。白噪声有很多种频率，最常见的就是雨声、柴火燃烧声、溪流声等大自然的声音。古典乐和轻松的音乐也有白噪声的功能。

最近有个新的 APP "Ambio"，可以播放白噪声，这是个好选项。不过若是放松效果太强反而会让人昏昏欲睡，所以可能需要一点紧张条件，譬如设定播放时长。

> **！　专注力要领**
>
> **利用白噪声就能获得适当的专注力**
>
> ☐ 工作时播放大自然声音的音乐
>
> ☐ 念书的时候，不要听可理解语言内容的音乐、电视或广播节目
>
> ☐ 选择轻松的音乐或钢琴独奏，并且调低音量

6

如何避免 "粗心大意"
（action slip）

■ 缺乏专注力？避免粗心大意的方法

"咖啡明明已经加过糖，不小心又加了一次！"

"本来打算下班顺便去一趟超市，结果直接回家了。"

"啊，明明给浴缸上了水栓，却忘了放水！"

"哎呀！明明想去庭院修剪花草，怎么会拿来了开罐器呢？"

任何人都有过粗心大意的经验，如果工厂或医院里的人员粗心大意，可能就会酿成大灾难。一般人犯错（包括医疗疏失）是由于缺乏经验、学习不够、专注力涣散，这大多是没有恶意的无心之过。

心理学对犯错这件事有个专有名词，叫作"action slip"，意思就是开始做一件事情之后，专注力逐渐涣散，结果做了完全不想做的动作。旁人看了这种粗心的错误会指责他"不用心！""怠惰！"，但是就心理学来说，这是难免会发生的事情。尤其过于习惯日常生活的惯性模式，不经思考就执行动作的人，特别容易出现这种问题。

虽然说人有失手，马有失蹄，但我们还是希望粗心大意不会要了人命。

■ 务必了解 action slip 的模式

粗心大意的起因，就是专注力跑到目前执行的工作之外的地方，造成遗忘与错误。有没有方法可以避免粗心呢？只要专心工作就好？那是老派的毅力论。即使从风险管理的角度来看，也很难光靠训练就完全避免粗心大意。

避免粗心大意最好的方法，就是先接受"必定会失手"

的假设，也就是所谓的未雨绸缪。所有工厂与医院一定都有
双重检查、指点确认之类的防粗心系统。

如果是个人，关键就在于多了解自己容易粗心的状况，
也就是掌握自己粗心的模式。

曼彻斯特大学的詹姆斯·利森教授长年研究人类犯错的
行为，他认为粗心大意有四种模式：

① 重复的错误（咖啡加过糖又加一次）
② 转换目标（下班想顺便去超市却直接回家）
③ 缺乏、反转（浴缸上了水栓却没有放水）
④ 混合、混乱（想修剪庭院花草却拿了开罐器）

你的粗心大意通常属于哪一种模式？

我个人身上最常发生的情况是，一份报告做到一半突然
没心情，转头做另外一份报告。

了解自己犯错的模式并拟订对策，就可以减少粗心的次
数，维持专注力。比如你容易忘记自己有没有加糖，那就订
个规矩：咖啡喝完之前不把糖包丢掉。如果容易忘记要去超市，
那就用智能手机的笔记软件留个备忘录，或者在钱包、卡套

里面放张字条，上面写"超市"。

粗心大意没有简单的解决方法，而且每个人的状况都不同。请检讨自己粗心的模式，想办法避免犯错。对抗粗心大意的关键，就是不要提毅力论，不要怪自己缺乏专注力。

> **！ 专注力要领**
>
> **越是习惯性的行为，做起来越要专注仔细**
>
> ☐ 不想忘的事情就写备忘录，贴在固定地点
>
> ☐ 每次离开房间或下车，一定要回头看有没有关门
>
> ☐ 犯过的错要做记录

如何避免衰老造成的专注力衰退

■ 谁都躲不过"衰老"

"最近专注力都不持久。"

"做事提不起劲，是不是因为超过四十岁了？"

每个人状况不同，但通常从三十五岁起，人就会觉得容易疲倦，精神与体力都开始衰退。过了四十岁，几乎每个人都会抱怨自己"年纪大了"。

宫崎骏在 2013 年宣布退休，理由是："实在没办法调整健康状况，专注时间越来越短，老了就是没办法。"宫崎骏宣布退休的年纪是七十二岁，不过每个人感觉"老了"的时间应该都不相同。

　　很遗憾，年纪大了，专注力跟着降低，是自然的生理现象。但实际上也确实有人年纪一大把，依然有着惊人的专注力。宫崎骏六十岁之后还是能推出一流的作品，可见要将缺乏专注力完全归咎于年纪，或许不那么恰当。

■ 大脑的"衰老"其实就是容易"左顾右盼"

　　在思考"抗衰老"的方法之前，我们先仔细研究，专注力为何会随着年龄增长而降低。专注力随着年龄增长而降低，其实是因为之前所提到的"选择性注意"能力降低。比如各位读者在看这篇文章时，注意对象就是文章本身，或者粗体的强调字句，至于已经看过的部分和没看过的部分，都不会注意。选择性注意，就是大脑只会聚焦在要处理的信息上。由于人脑的信息处理能力有限，所以外界信息需要被"分类"过才能处理。

　　选择性注意的能力会随着年龄增长而衰退，所以人才会认为年纪大了，脑袋就不清楚。这虽然不像体力降低的定义那么含糊，但实际上学者也还不明白，为什么选择性注意的能力会随着年龄增长而衰退。或许是因为年纪一大，正确投注意识来提升效率的能力就会衰退，反应速度也跟着降低，就像对视觉与听觉信息的处理速度会变慢一样。另外，人年纪大了就会开始"左顾右盼"，也就是会去注意不必要的信息。

我们可以通过训练，控制自己专注在当下最重要的信息上，但随着年龄增长，经验更丰富，或许大脑也因此更容易"左顾右盼"。

想避免专注力随着年龄增长而衰退，关键就在于"不被杂事吸引"。老人家要增加信息处理速度，就好像退休前的投手想增加球速一样困难。

那该如何避免大脑"左顾右盼"呢？前面讲到，想专心就要放弃"多任务"，选择"单一任务"。既然大脑没办法像以前一样挑选注意目标，我们就要自己努力挑选该做的事情。

■ 保存幸福感或许可以帮助提升专注力

德国汉堡大学艾朋多夫医学中心的研究团队，2014 年

在 *Plus One* 期刊发表了一篇研究报告，指出"老也不全是坏事"。

　　此项研究挑选了二十五个年轻人与二十五个老年人进行心理实验，让他们观看并记忆一些日常的照片。照片采用幻灯片播放的方式，有婚礼之类的正面情绪照片，家具之类的中性情绪照片，还有争执之类的负面情绪照片。受试者看过之后要记住照片，结果发现，老年人对正面情绪照片的记忆强过负面情绪照片，尤其是自己经历过的幸福（如婚礼照片）更是记得清楚。年轻人就没有这么大的差异。

　　良好的饮食、睡眠、运动习惯可以保持大脑年轻，专注力强大。而幸福、成功、充实之类的正面体验，或许就是维持老年人专注力的秘诀。若专注成功幸福的良性循环可以抵抗专注力的衰退，我们应该会过得更积极。

！　专注力要领

想减少大脑的"左顾右盼"，关键是专注于一件事

- ☐ 选择安静的地方工作，避免杂乱信息干扰
- ☐ 用不到的东西应该收好或丢掉
- ☐ 不要贪心，每天做好一件事就够

8

即使心无旁骛，人还是会出错

■ 再怎么专注都会看错

犯错时，人们经常会这么说：

"就是不专心才会出错！"

"就是散漫才会搞砸！"

但人类只是生物，不是机器，无论多么专注、多么努力避免粗心大意，都无法避免出错。

人类的高阶大脑可以思考与判断，但不是只有这么复杂的功能会出错，就连看东西、听声音这么单纯的感官能力也容易出错。所谓的"看错、听错"，统称为"错觉"。

卡尼萨三角

请看左边的图，这是由意大利心理学家加耶塔诺·卡尼萨博士所发明的"卡尼萨三角"，是一种会引发错觉的错视图。我们若不专心盯着瞧，会看见图片正中央有个白色的三角形，但实际上中间并没有任何三角形。另外，白色三角形看起来会比周边更明亮，但实际上亮度与周边相同。

错觉机制存在于大脑的枕叶，枕叶的视觉皮层有可以对此类线条发生反应的神经细胞，看到这个图形就会出现反应。所以错觉是大脑神经细胞"以为看见了"的反应。

除了卡尼萨三角，还有很多种错视图，但若一一列举出来就偏离主题了。我们只有记住，无论多么专注，人脑都不可能完全正确地反映外界信息。

■ 鸡尾酒派对效应是大脑"分配工作"的礼物

之前我们都在谈视觉，那么听觉与专注力又有什么关系呢？对学习英文会话的人来说，专心听想听的东西应该很重要才对。

生活中有很多地方充满各种声音，比如街上、餐厅，但只要有人在这些地方喊你的名字，你还是会立刻发现。因为对大脑来说，这种声音比其他人声与噪声都更清晰。

这就是"鸡尾酒派对效应"。鸡尾酒派对效应，指的是即使同时有多人在说话，我们还是能理解特定的人声或对话内容，就好像在闹哄哄的鸡尾酒派对上，我们还是能听见该听到的声音。

英国心理学家柯林·雪利博士发现了鸡尾酒派对效应，而人能够听见自己的名字，原因正是前面提到的"专注力"。就算这个声音小于环境中其他声音，注意力还是能让我们听见。

人类随时都在看见、听见信息，但大脑不会平等处理所有信息，只会注意与自己有关的信息，其他则置之不理。

如果周围噪声太大，就无法发挥鸡尾酒派对效应。但只要在听力允许的范围内，人类确实有办法选择要注意的目标。

视觉与听觉都是感官，但是专注的方式稍微不同。了解这点有助于控制自己的专注力。

！ 专注力要领

记住"大脑就是会犯错"可以提升专注力

☐ 平时可以刻意锻炼自己控制专注力的能力

☐ 看英语电影可以开英文字幕来看

第 二 章

调整生理
时钟，强化
专注力的
七项技术

控制生理时钟，专注力就能持久

■ 细胞的主频率决定你是"晨型人"还是"夜型人"

晨型人"上午头脑很清醒，但是晚上超想睡"，夜型人则是"早上头脑不清楚，但是下午五点过后就有精神"。除了晨型人与夜型人的分别，其实每个人每天都有状况好与不好的时段，比如白天想睡觉，或傍晚突然疲倦起来等。

我们每天的生活节奏由生理时钟来掌管，而人体内每个细胞都有生理时钟，你可以想象自己的皮肤、肝脏、肠胃，所有细胞里都有生理时钟在运转。

而所有细胞的生理时钟的主频率，就由大脑的视交叉上

核来掌控，视交叉上核会发布命令控制生理时钟。每个人的
活动或多或少都符合某种规律，就是因为生理时钟的关系。

　　我们在有些时段专注力很强，有些时段很弱，也是受
生理时钟的影响，生理时钟是人体内无法用决心来控制的
机制。

　　通常人睡醒之后两三个小时（大概是上午）体温开始上
升，清醒等级也比较高。我想没有人眼睛一睁开就能跳下床
工作，脑袋还飞速运转。大脑有所谓的"睡眠惯性"，刚睡
醒总是希望继续睡，这时很适合来点暖身操，让脑袋彻底清
醒过来。

　　另外一个清醒等级比较高的时段，是下午三点到傍晚
左右，也就是下班前的奋斗时段，如果没有利用这一时段
专心工作，事情往往就会拖到晚上还做不完，从而不得不
加班。

　　生理时钟也会影响人的体温与内分泌，体温更是明显的
指标。体温高时，专注力更强。所以发挥专注力本质上就像
运动，如果身体冷冰冰又没做暖身操，突然运动起来不仅容
易累，还容易受伤。

■ 反推生理时钟就可以控制专注时段

我们可以从专注时段反推生理时钟，例如，希望提升上午的专注力，那么至少在上班前两小时就要起床。如果是九点上班，最晚七点要起床。开始工作前总要盥洗、吃饭、通勤，为此预留两个小时应该不为过。

接着来探讨"晨型人"与"夜型人"在什么时候专注力最强。哈佛大学与日本国立精神·神经医疗研究中心从 2010 年开始研究，发现人体生理时钟的单天周期并不是二十四小时，而是二十四小时加减十到二十分钟，这加减的十到二十分钟对生理时钟的影响可不小。近代时间生物学认为，每个人生理时钟的差别，决定了这个人是"晨型人"还是"夜型人"。

■ 仔细调整生理时钟的巅峰期

其实基因多少决定了我们是"晨型人"还是"夜型人"，但是目前还不确定基因的影响程度究竟有多少。我们无法很快从夜型人转换为晨型人，但是可以慢慢改变生活习惯，控制睡与醒的节奏。大脑（生理时钟）可以弹性应付环境变化，方法就是不急着两三天改变，而是慢慢地改变。

无论晨型人还是夜型人，其实都可以马上决定要在上午或下午专注。在一个很长的时间段内保持专注是很难做到的，更容易实现的方法是给你的专注力设定一个巅峰时间，比如"我希望巅峰落在上午十点与下午四点"。很多人梦想"我要一直很专心"，其实这是不可能的，但工作时又不能任性地认为"我上午就是不专心，所以就放弃了"。最实际的方法还是设定上午与下午的专心时间，发挥效率，克服问题。

即使碰到意外的紧急事件，你也无法追加专注时间，最好是把紧急事件往后延。人的专注力有极限，维持专注力的窍门就是保留一点巅峰专注力。

> **! 专注力要领**
>
> **只要控制专注力巅峰时间，就能轻松获得专注力**
>
> ☐ 刚起床体温仍低，睡前体温也正在降低，都不适合专心做事
> ☐ 要花时间慢慢转换为"晨型人"
> ☐ 最好上午与下午各准备一个专注的"巅峰"

与其熬夜赶工睡不饱，
不如睡饱维持专注力

■ 睡不饱是专注力的大敌

睡不饱就没有精神，没有专注力……

"这我也知道，还用你说？"

读者应该一看就想这样反驳，但是我看看身边的人，却发现很多人没有好好遵守这个原则。

· 一上地铁就睡着
· 坐上座位就想睡
· 到咖啡厅看书，马上打瞌睡

这些都是睡不饱的信号。

现代睡眠医学认定的睡眠障碍并不只包括失眠，只要清醒的时候大脑功能降低，影响正常生活，都属于睡眠障碍。

睡不饱会严重伤害记忆、思考等认知功能，尤其对专注于某件事情的能力（专注力）更是明显重创。如果不能专注、专心，就无法记住事情，自然影响学习与记忆的效果。

■ 睡不饱就无法运用"工作记忆"

我们常说的"工作记忆"就是专注于某件事的记忆功能，它有相当复杂的定义，简单来说，就是我们在做某件事的短暂过程中会记住某些小事情。工作记忆就像是"步骤脑"，最常见的例子应该就是"烹饪"。趁煎肉的时候顺便洗菜，肉煎好的时候做酱料……

除了烹饪，日常生活几乎所有动作都要用到工作记忆，这是认知与执行的基础，不仅可以让我们锁定目标，维持专注力，还可以抵抗让人分心的诱因，判断突发状况的本质。

研究显示，失眠、抑郁症之类的睡眠障碍患者，工作记忆的功能也会降低。即使是健康的普通人，长期睡不饱也会降低工作记忆的功能。

美国加州大学圣地亚哥分校的萧恩·杜蒙特教授做了一项实验：让一群人整晚不睡，另一群人四天内每天只睡四小时，再比较双方的视觉工作记忆高低。比较方法是在画面上显示一批杂乱的长方形与正方形，颜色各有不同，并要求受试者只看正方形，不看长方形。实验分三个难度等级，难度越大，长方形与正方形的混杂度就越高。每个画面只会显示千分之一秒，眨眼就没了。

熬夜一整晚的群组，在三个难度等级的实验中成绩都不好。有趣的是，"四天四小时群组"在三个难度等级的实验中成绩都没有下降，但在中等难度的实验中成绩又比熬夜一整晚群组要低。可能是因为简单等级难不倒稍微睡不饱的人，而困难等级逼受试者发挥所有专注力。

中等难度的问题最容易受到睡不饱的负面影响，我大概可以理解。日常生活中绝大多数任务，都是有点难又不会太难，可见睡不饱对生活影响有多大。

会熬夜一整晚的人相当少，大概只有临阵磨枪的考生或截稿期限将至的作家会通宵工作，但他们熬夜之后应该就会好好睡个饱觉。比起彻夜不眠，平常每天只睡四小时的人反而比较多吧。各位应该面对现实，平时熬夜、假日补觉，只会让自己的专注力更涣散。

> **！ 专注力要领**
>
> **保持睡眠充足，才能提升专注力，增加工作效率**
>
> - ☐ 睡不饱会全面降低大脑功能
> - ☐ 睡不饱容易影响工作记忆（步骤脑）
> - ☐ 习惯放假补觉的人，平时可能因为睡不饱而专注力涣散

控制光线强弱，
调整生理时钟

■ 现代社会光线太强，打乱了生理时钟

生理时钟创造了人一天的规律，甚至可以说生理时钟控制了人的体温、内分泌、自律神经等所有生理活动。斗志与专注力当然也受到生理时钟的影响。

自从爱迪生发明灯泡之后，即使已经入夜，人们还是保持着有如白天的活动力，甚至有过之而无不及。灯具的发明与进步，无疑大大推动了人类的文明发展。

但是科学技术的发展，同时也夺走了现代人的睡眠时间。只有现代人才会熬夜看书、上网。

睡不饱会降低专注力，但我希望读者了解一件事：就算睡得不是那么糟，晚上灯光太强还是会对生理时钟造成不良影响。有人认为"我晚上虽然在很明亮的地方做事，但是都会睡饱，所以没问题"，这种人要特别小心，因为你的生理时钟很可能已经被打乱，并影响了你的专注力。

■ 为什么白天不能躲在家，晚上不能开灯

生理时钟很容易受到光线的影响，早上的光线会抑制人体分泌褪黑激素，这是帮助我们睡得安稳的重要激素，但是晚上暴露在强光下，会阻止人体分泌褪黑激素，人也就不容易入睡。

一旦褪黑激素分泌不正常，不仅影响大脑，还会影响所有细胞的生理时钟。生理时钟一旦错乱，就会破坏整个身体（包括大脑）的平衡。这可不光是降低斗志与专注力，还会影响身心健康。

让我们检讨一下自己的生活环境。

室内与室外的照度有着天壤之别。室内灯光的照度顶多

几百勒克斯，但是晴朗的室外照度却超过一万勒克斯，相差数十倍。

晚上的照度问题更严重。夜间的室外照度顶多只有几个勒克斯，而我们晚上在室内开灯，照度会是室外的一百倍以上。而且近年来又推出数码显示器，它发出的蓝光会对眼睛与身体造成沉重负担。

我们所在的光线环境可以说是乱了套，白天室内比室外阴暗，晚上室内比室外明亮，完全不符合自然规律。看来现代人的生理时钟免不了要被打乱，再加上睡眠不足与压力的影响，当然不容易专心。

■ 如何控制光线强弱

现代社会的光线环境发生常态性的错乱，让我们保持在常态性的时差状态下。如果长期错误使用光线，人不仅无法发挥专注力，还可能变得容易生病。其实只要稍微用心，就可以制造对生理时钟有益的光线环境，比如说白天灯光尽量调亮，最好能多出门或坐在窗边，晚上则尽量把灯光调暗。日常生活有很多小招数可以控制光线强弱。就算室内灯光没有阳光那么强，白天还是应该尽量把灯光调亮。例如，日本北部冬天阳光较少，或者西南部有梅雨季，那么白天灯光就要尽量开到最亮。

搭公交上班的时候，站在有阳光的窗边最好。如果是搭地铁，进站之前请多晒晒太阳，除了盛夏，其余季节都应该多站在阳光下。

反之，晚上就应该尽量降低屋内照度，选择亮度较低的灯泡，而且要小心电脑与手机屏幕所发出的蓝光。我们可以戴上蓝光过滤眼镜，或者把屏幕的背景调成黑色，多少能够减少蓝光的影响。

调整光线强弱就等于调整专注力的强弱，只要注意白天亮、晚上暗的原则，就能把生理时钟调整为专注模式。

！ 专注力要领

白天亮、晚上暗的生活可以打造优良的生理时钟节奏

☐ 白天搭公交上班时，要站在有阳光的窗边

☐ 晚上调低屋内照度

☐ 晚上，电脑桌面改成黑色，手机屏幕亮度调低

早晨的光线可以活化血清素，缓和紧张情绪

■ 抑制焦虑的血清素与褪黑激素

我们在前面提到，早晨的光线可以抑制褪黑激素分泌，调整一天的节奏。褪黑激素是睡眠激素，但是对大脑的影响可不只是促进睡眠而已。我们来复习褪黑激素的功能。

褪黑激素不仅能让人熟睡，还能间接缓和紧张情绪，消除郁闷，提升斗志与专注力。

一到晚上，大脑的松果体就会分泌褪黑激素；美国的药店也卖褪黑激素，一罐大概十美元。但是人体自然合成的褪黑激素，与人造药品并不相同。

　　人体用什么来合成褪黑激素？答案是一种能够减少抑郁与惶恐的神经传导物质，叫作"血清素"。

　　褪黑激素的来源就是血清素，人类在白天会分泌血清素，但如果白天分泌的血清素不够，晚上能分泌的褪黑激素就会减少。

　　缺乏血清素和褪黑激素，会造成人意志消沉，有气无力，容易焦躁，精神状态不适合专注。

　　抑郁症的症状包括专注力与思考能力衰退，造成工作错误百出，而且无法同时处理多件工作。造成这种症状的原因之一，就是血清素神经功能衰退，而睡眠激素（褪黑激素）不足也一样会导致抑郁、缺乏专注力。

　　这种药物可以强化褪黑激素功能，目前只有欧洲批准使用，可以用来治疗抑郁症。而高照度光疗法（早上暴露在明亮光线中）也可以治疗抑郁症。看来褪黑激素有间接消除抑郁的效果。

■ 褪黑激素也与斗志、专注力有关

很多睡眠相关书籍都介绍了褪黑激素与血清素的关系，但是很少人知道褪黑激素也跟多巴胺（斗志神经传导物质）、正肾上腺素（专注与恐惧的神经传导物质）有关。

褪黑激素并不会直接刺激或抑制多巴胺或正肾上腺素分泌，但是会通过前面说的血清素，强化多巴胺与正肾上腺素的功能。

血清素、正肾上腺素、多巴胺三者是互补的激素，多巴胺让人开心、快乐、执行有报酬的行动，正肾上腺素则控制恐惧、焦虑、惊讶等情绪。我们会以为只要有多巴胺和正肾上腺素，就能获得斗志与专注力，但是只踩油门没有刹车，大脑不是暴冲就是空转。

"心浮气躁的，没办法专心……"

"快被截稿压力逼死了！"

在这种状况下，多巴胺与正肾上腺素会让情绪更紧绷，要靠血清素冷静下来，才能提升专注力。更进一步来说，褪黑激素也可以通过血清素间接达成刹车效果。

褪黑激素并不会直接提升专注力，但是能间接帮忙。而且褪黑激素能够维持生理时钟稳定，也是维持专注力的幕后功臣。

！ 专注力要领

与其晚睡晚起，不如早起晒太阳

☐ 情绪激动紧张的时候，请先深呼吸冷静下来

☐ 开始出错的时候请先休息

☐ 上午尽量在明亮的地方工作，例如窗边或户外

沟通有助于维持
生理时钟

■ 果蝇与人类的差异

基因研究不是我的专业，不过我要稍微提一下基因。

生理时钟由时钟基因来掌控，学者使用果蝇来研究时钟基因，最大的理由是果蝇的神经系统单纯，容易饲养，也容易进行基因改造。

学者发现很多基因在不同的物种上都会展现相同的能力。果蝇与人类的基本身体构造原理其实很类似，虽然果蝇的身体结构复杂度远低于人类，但是要探索脑神经的真相，绝对少不了果蝇。

　　如果只看基因，要维持人类的生理时钟稳定其实很简单，就是早上固定时间晒太阳，晚上尽量在阴暗的地方度过，然后每天都睡饱。

　　但事实上，这只是纸上谈兵，并不容易达成。我们实际的生活模式不可能百分之百地控制光线、规律饮食。

　　我们说过，光线与饮食都是维护生理时钟的关键，但是人类比果蝇还多了一个因素，那就是与他人沟通。也就是说，与人沟通是修正生理时钟的关键。

■ 修正生理时钟的秘诀，就是每天至少找人聊天一次

　　请回想自己准备大考的日子：越接近大考，自习时间越多，而学生通常会分为两派，一派几乎不上学，整天窝在家里念书；另一派即使学校没有课，也会到学校找同学聊天，或者到图书馆看书。

　　根据我个人的经验，窝在家里看书的人，上榜概率比到学校的人要低。各位念书的时候又是如何呢？

就算学校没课了，前往人多的地方看看朋友，交换重要信息，聊天放松心情，维持正常生活作息，获得新信息的刺激进而提升斗志……这些都是出门念书的优点。

其实这些优点都有助于维护我们的生理时钟。一个人窝在家念书，乍看之下时间很自由，效率应该比较高，但是也代表他早上无法晒太阳，较难保持规律的生活习惯。准备考试讲求精神力要强大，出门念书刚好有助于维护精神力。

人类是社会性生物。有好几个因素可以调整生理时钟，请记住除了物理因素（如光线），还有"社会性调节因素"（如沟通）。工作中与他人交流，绝对比一个人埋头苦干更能维护生理时钟，也更能发挥专注力。

日本的生理时钟研究第一把交椅，山口大学时间学研究所的明石真教授，在著作《生理时钟的奥妙》中说了这样一句话：

"我认为对话和沟通，对修正人体的生理时钟来说非常重要。"

我在看诊的时候也常跟患者分享这句话，如遇到孤僻的患者还会将其特别强调。

！ 专注力要领

对话可以调整身心的节奏

- ☐ 保持自己的节奏，偶尔找亲友聊聊
- ☐ 念书念得越辛苦，就越该找时间聊天放松
- ☐ 把沟通交流纳入每天的行程

生理时钟三元素：
饮食、运动、睡眠

■ "健康"是专注力的基础

我们很容易忘记，斗志与专注力的基础在于"健康"。即使是感冒这样的小病，也会让专注力的强度与持久度远低于健康时的状况。

对于生活习惯，务必要好好做一番自我检讨，包括饮食、运动和睡眠，不仅为了健康，也为了斗志与专注力。就算你读了几百本书，把提升斗志与专注力的诀窍背得滚瓜烂熟，这三个基本习惯没培养起来，拥有再多知识也没用。为什么这三个习惯如此重要？因为它们关系到调整生理时钟。

比如饮食，就算每天摄取的热量与营养内容都相同，只
要摄取时段不同，就可能对身体造成不同影响。

早餐更是保持生理时钟稳定的关键。如果睡醒后两小时
内没有吃东西，生理时钟就不会进入"清醒"状态。

吃的内容也很重要，光吃吐司或饭团还不够，早餐分量
最好是全天营养摄取量的四分之一。研究认为早餐要摄取蛋
白质，才能增加晚上褪黑激素的分泌量，所以早餐至少要有
富含蛋白质的食物，例如鸡蛋与黄豆。

但是有人觉得早上吃不下东西，尤其鸡蛋与黄豆吃了让
人感觉胃部很胀，那至少要选择乳制品（如酸奶）或营养价
值较高的食物（如水果），无论多少都要吃一点。

另外也推荐柑橘类食物，可以让人神清气爽。柠檬的提
神效果最强，葡萄柚和橘子也可以。

看来世界各国的早餐文化都符合生理时钟的要求。

■ 养成运动习惯让你睡得好

你是否有过这样的经验？白天跑步、陪小孩参加运动会，好好运动消耗体力，晚上就睡得香甜。大家都知道，白天运动，晚上就睡得好，但是针对运动与睡眠进行研究，结果却让人意外。

只运动一天，并不会大幅提升当天的睡眠质量。说得明白些，只会稍微增加些深度睡眠而已。

短期运动并不会提升睡眠质量，但是如果习惯每周运动三到四次，睡眠质量就会稳定提升，稳定提升代表更容易入睡、深度睡眠更久，也不会半途醒来。

运动习惯不仅可以让人睡得好，预防代谢症候群与生活习惯病，还能刺激大脑分泌"脑衍生神经滋长因子"（BDNF，促进脑神经细胞生长的物质）。这项神经科学的研究结果证实，运动疗法可以治疗抑郁症与失智症。

运动习惯对生理时钟也有正面影响，可以让生理时钟倾向于早睡早起，所以，经常熬夜、苦于白天缺乏专注力的人，养成运动习惯也是个不错的选择。

我前面说，每周运动三到四次，其实两三次也可以，每个人都有自己的安排。运动效果最好的时段是下午，更准确来说是傍晚到晚上之间（因为体温较高）。

你可以去健身房慢跑、重训、游泳，只要经常到健身房运动，就能养成好的运动习惯。如果不方便去健身房，请在上下班或买菜的时候试着快走。想要提升专注力，关键之一就是每天安排时间运动，养成运动习惯。

> **！ 专注力要领**
>
> **先从早餐吃吐司加酸奶（或水果）开始**
>
> ☐ 柑橘类果汁与蛋白质，可以唤醒你的身体
> ☐ 上下班或买菜改用快走
> ☐ 运动习惯可以提升睡眠质量

"主要睡眠"与"强力小睡"可以恢复大脑活力

■ 睡几个小时才能提升专注力

我想很多人都有偏见，认为每天都要"睡足八小时"。

前面已经说过，睡不饱会让隔天的专注力下降，而长期睡不饱不仅无法专心，还会影响健康。但是这不代表每天一定要"睡足八小时"，因为每个人"睡饱"所需的时间都不同。

国外研究显示，每天睡足七小时的人，比较健康又长寿。加州大学圣地亚哥分校的丹尼尔·克利普奇教授认为，每天睡六个半到七个小时的人最长寿，感觉更幸福，而且生产力最高。

其实睡得太多反而会降低专注力，你是否有过早上睡回笼觉，结果感觉昏昏沉沉的经验？睡得太多会让白天缺乏专注力，晚上又睡不好。

人有不同的身高体重，当然也有不同的睡眠模式。有人睡得少一样整天有精神，有人则需要睡超过八小时。无论睡得多或睡得少，最重要的就是了解自己"最适当的睡眠时间"，并且持之以恒。无论睡太多还是睡太少，都无法较好地发挥专注力。

我认为最适当的睡眠时间，就是疲累程度不会严重妨碍白天的活动。只要白天活动时不会觉得周公猛找自己下棋，或者想睡时就能找到时间小睡，那就是不错的睡眠时间。

■ 睡不饱反而头脑清醒？

你有没有过熬夜隔天精神亢奋的经验？或者看到睡不饱却精神饱满的人，觉得难以置信？

有种抑郁症疗法叫作"断眠疗法"，就是让抑郁症患者整晚都不睡，以调整入睡时间。目前还不清楚这种疗法的运作原理，或许是因为抑郁症患者的生理时钟相当混乱，一天不睡便可以重新设定生理时钟，这个疗法才会有效。

但是一晚不睡只会让隔天有精神，往后的生活还是要恢复正常节奏，否则抑郁症会恶化。偶尔一晚不睡或睡不饱，隔天固然比较有精神，但长期睡不饱可不是好事。

■ 怎么睡才能让身体与大脑最清醒

这里简单整理出让人提升专注力的睡眠法，分为"主要睡眠"与"强力小睡"。

主要睡眠就是晚上的睡眠，包括完整的快速动眼期与非快速动眼期的睡眠循环。同样是一天睡七小时，每睡一小时就醒来一次，跟一次睡满七小时的睡眠质量完全不同。

生理时钟到了晚上会准备入睡，所以晚上至少要一次睡足四到五小时，这就是主要睡眠。

很多人会想，四到五小时未免太短了。但是对忙碌的现

代人来说，应该有不少人平日只能睡五小时左右，难怪很多
人烦恼于白天打瞌睡。

　　所以我也推荐小睡，也就是所谓的睡午觉。小睡可以消
除下午的睡意，是恢复专注力的最好方法。因为小睡能够使
人恢复活力，所以我给它取了个名字叫作"强力小睡"。

　　请放下每天一定要睡足八小时的偏见，好好利用主要睡
眠与强力小睡，就可以发挥专注力。至于小睡的详细原理与
睡法，请参考第五章的解说。我另外一本书《消除大脑与身
体疲劳的小睡法》应该也能帮上忙。

！　专注力要领

最少五小时睡眠＋短时间午睡，可以打造快活节奏

☐ 就算找不出完整六小时，至少也要睡满五小时

☐ 在白天想睡的时段，要找好小睡的时间和地点

☐ 睡太多或补觉都不行

第 三 章

设定目标、提升专注力的七个方法

细分目标，从小课题开始
解决，就能专注处理

■ 目标的难度应该是"困难但可以达成"

　　前面我们了解了大脑、内分泌、生理时钟与专注力的关系，接下来要看看日常生活中有哪些实用小技巧可以提升专注力。

　　想要提升斗志与专注力，第一步就是设定目标。但是一开始就设定一个远大的目标，只会被沉重的工作量给压垮；目标设定不正确，很可能落得一个自暴自弃的下场。

　　"尽力而为！"

　　"拼命加油！"

这看起来好像很有志气，却是最糟糕的目标模板。因为
这种目标太抽象，根本不知道难度是高或低。

以专注力的角度来看，最好的目标是"困难但可以达成"。
因为太简单的目标没必要发挥专注力，所以要有一个清楚的、
稍微困难一点的目标。在哈佛大学心理学院任教多年的戴
维·麦拉伦教授说，成功概率为六成的目标最为理想。

最好的目标是有明确的数字，而且努力一点就能达成，
比如语文成绩不好，就以七十分为目标。如果读不好的科目
还设定一百分为目标，很容易自暴自弃，让斗志与专注力继
续沉睡。

设定目标的窍门是"SMART"，这是以下五个单词的开
头缩写。

- Specific：明确的
- Measurable：可数值化的
- Achievable：可达成的
- Realistic：实际的
- Time：有期限的

以前面的语文来说，目标可以设定为"三个月内做完这

本题库"。目标设定必须有数值与完成期限。

■ 细分目标，获得成就感

设定一个大目标之后，要细分迈向目标的过程。就算你没有跑过全程马拉松，肯定也知道，一开始就去想四十二公里后的终点非常不实际，我想大多数人跑全马应该都是想着十公里标点、中途折返点、三十公里标点这些分段点吧。

工作和念书其实也差不多，想达成"考上第一志愿""考上国外 MBA"这些大目标，关键在于如何达成更明确的"小目标"。

"十月之前数学要考到多少分？"

"年底之前托福要多考十分！"

把大目标分割为有期限、有数值的小目标。

分割目标有两个非常大的好处，第一是实际感受到目标正在完成，第二是达成目标后可以获得成就感。

　　无论考大学还是考证，只想象考取的那一天有点不切实际，总要靠模拟考和练习来确认自己的实力，才能保持斗志与专注力。达成小目标所产生的成就感，就能提升斗志与专注力。

　　进入社会以后，更没机会被人称赞，自己最有机会得到的赞美，就是完成小目标之后的成就感。想发挥专注力，就必须好好把握这些成就感。

！专注力要领

给不拿手的事情确定"最低门槛"

- [ ] 目标必须是明确的文字或数字
- [ ] 目标要实际，只要努力就确定可以达成
- [ ] 容易好高骛远的人，定目标请打六折

地点、时间、内容……
目标内容要尽量详细

■ 想象"何时""何地""怎么做""做多少"

我们再讨论一下如何设定目标。

最好把每个因素都设定得非常明确，目标才容易实现，尤其短期目标更是如此。

"学英文"不如"做英文题库"，"做英文题库"不如"做英文题库一小时"，"做英文题库一小时"不如"在咖啡馆做英文题库一小时"。

抽象的内容无法激发你的专注力，决定大目标之后要进一步决定"时间""地点""行动""程度"等明确细项，才能想象出自己专注的样子。

想象专注的状态称为"想象训练"，这点也很重要，如果没头没脑地做下去，可能会虚度光阴，什么都没完成。当自己订了一个计划，要想象自己专心执行这一计划的样子，大脑才会跟着想象去行动。

人如果只想着"船到桥头自然直"就不会有动力，要想象自己在桌边专心工作，专注力才会提升。能想象工作完成之后的成就感会更好。

■ 把"起点"想清楚，比较容易启动

"我不太清楚自己专心是什么样子……"

应该不少人有这样的困扰。要在咖啡厅念书，还是在家念？要做题库还是上网查资料？除了这些关于过程的决策，一个好的起点也是提升专注力的重要因素。

心理实验上有个设定方法叫作"制约"，或许有人听过"条件制约"这个名词，简单来说就是"让人或动物学习对某项

特定操作，做出特定的反应"，最常见的制约例子就是巴甫洛夫的狗实验。

以条件制约来强化行动力确实可以提升专注力，但是过程有点复杂，你应该想知道更简单的做法。

其实，只要针对想专心的行动设定一个"启动条件"，就比较容易开始行动。

"马上开始做 PPT"的"马上"其实相当模糊。

不如改成"喝完咖啡之后就做 PPT"，有了条件就比较容易采取行动。不要把斗志与专注力托付在自己软弱的意志力上，托付给实际条件比较可靠。

运动员也经常这么做，就是所谓的"预备动作"。

预备动作本来是高尔夫球名词，代表挥杆之前的某些特定动作。最有名的预备动作故事发生在 1962 年，高尔夫之王杰克·尼可拉斯在全美公开赛发挥惊人专注力，当时他正要挥杆，风大到把他的帽子都吹走了，他还是稳稳地把球打了出去。据说就是因为尼可拉斯做了很多预备动作，又是看看球底下，又是把球贴到脸上的，才会这么专注。

如果想要专心做某件事，事前的"起点"举动非常重要，但不一定要花很多时间去做。而这个"起点"越明确，就越能提升专注力。

> **！ 专注力要领**
>
> **决定你的"专注起点"**
>
> ☐ 把"时间""地点""行动""程度"想清楚
>
> ☐ 决定"开始专注的起点"
>
> ☐ 针对你要专心的事项，设定随时都能做的预备动作

"待办清单"一张
只写一件事

3

■ "待办清单"可以让目标更清楚

前面说过把目标与过程想得更加明确，有助于提升专注力。最好把你的目标写成文字，画成图表，有清楚的视觉信息更容易激发你的专注力。

商业书或自我启发书经常提到一招——把目标或梦想写在笔记本上，不时翻开来复习，就比较有机会实现。这或许就是明确描绘目标的效果。

最简单有效的做法，就是写出"待办清单"，只要把想做的事、该做的事逐条列成清单就好，而这份清单并不需要详细到哪个部分要花多少时间。

把该做的事情写成清单，就不需要另外花心思去想今天
该做什么。看着待办清单上面的事项，再去想时间、地点、
行动就好。重要的工作就该写进行程表，才不怕忘记。

请想象你完成清单上所有工作之后的景象。完成所有工
作不仅会刺激大脑的奖励系统，也能消除工作尚未完成的惶
恐。完工之后的成就感，能够刺激你继续奋斗的意愿。

■ 狠下心，每天只写一张"待办清单"

很多人（包括我自己）在写待办清单的时候都容易犯一
个错。

"清单是写了，但最后什么事都没做到。"更糟的是清
单上的事情太多，根本搞不清楚该从哪里下手。

原因可能是，很多人把待办清单搞成了备忘录，写了就
放着不管。我们当然需要备忘录提醒自己，但是待办清单的

用意更加积极，它是要提升自己的斗志与专注力。

如果要积极运用待办清单，就要大大压缩"数量"与"使用期限"。简单来说就是"每天换张新的待办清单"，更简单点，甚至可以"每天一张，每张一件事"。

无论做什么事情，关键都在于决定期限与优先级，如果这两点没搞清楚，待办清单就会变成备忘录，人们甚至会忘记自己写过待办清单。

但话说回来，决定优先级一点都不简单，如果大家都能顺利决定优先顺序，人生就没烦恼了。所以比较实际的做法是写三件事，从比较简单的开始解决。

每天只写一张待办清单，上面最多三件事，刚好可以练习如何分配时间与优先级。

请你试着利用通勤时间，或上班前一天的晚上，来写这"每天一张的待办清单"，只要写得好、用得好，它能够发挥无比强大的威力，唤醒你的专注力。

! **专注力要领**

每天只写一张待办清单

☐ 清单上不超过三件事

☐ 做完了就画线删掉

☐ 事情全部完成之后，清单立刻丢掉

4

无论事情多小都要完成，
才能品尝小小成就感

■ 缺乏专注力的大脑需要什么"报酬"

我们已经说过很多次，刺激斗志与专注力绝对少不了"成就感"，如果我们更了解"成就感"的机制，应该能找到更多发挥专注力的方法。

人类大脑有所谓的"奖励系统"（reward system），很多爸妈会说"只要你把功课写完，我就买你喜欢的游戏给你"，这种拿东西哄小孩的做法就是在刺激大脑的奖励系统。如果我们知道完成一件事情会有奖励，大脑内的"腹侧被盖区"与"伏隔核"就会活化，分泌我们所熟知的斗志物质"多巴胺"。

首先复习一下多巴胺的功能：多巴胺是大脑中枢神经系

统中的神经传导物质，特色是会刺激斗志、欢乐等精神活动。
比如金钱、名牌等物质，以及权势、地位等社会认同，就会
大大刺激大脑的奖励系统。

"只要完成这件事，肯定会加薪。"

"只要顺利签到这份合约，老板一定会夸奖我。"

我们会像这样鼓励自己，提升斗志与专注力。

问题是如何增加对奖励系统的刺激？对于小朋友，只要
用零食、零用钱、电玩就可以刺激其奖励系统，爸妈还会帮
他们设定奖励项目，然而成年人就得自己准备自己的奖励。

■ 成人需要什么"奖励"才能专注

我们想想要用什么"奖励"才能提升专注力。奖励分为
有形与无形两种：有形奖励包括收入增加、吃大餐、出门旅
行等具体行动；无形奖励则是心理上的感觉，例如"被他人
夸奖"。

　　这两种当然都能刺激奖励系统，但要考虑个人的需求与喜好。对名牌没兴趣的人，看到名牌包时奖励系统并不会受到刺激。加薪与奖金是很迷人，但金钱并非唯一的判断标准，总有些事情给你再多钱，你也不肯做。如果说有什么放诸四海而皆准的奖励，那就是心理上的奖励。

　　"你干得真不错，很好。"

　　"这件事你做得很棒。"

　　如果老板或客户对你这么说，你一定会觉得下次要更努力。如果觉得自己专注力不够，想想完成之后可能会被人夸奖，会比较容易脱离低潮。

■　**夸奖别人，并多认识会夸奖自己的人，专注力就会提升**

　　有许多脑科学研究指出，心理奖励（如他人评价）比物质奖励（如金钱）更有助于维持斗志与专注力。虽然心理奖励不花钱，但他人对自己的评价是他人的行为，自己无法控制，而你也不可能强迫同事夸奖自己。

其实有两个方法可以打造"获得夸奖"的条件，只是需要一点时间。第一就是尽量别跟喜欢否定的人来往，尤其是喜欢鸡蛋里挑骨头的人。

另一点就是主动夸奖别人。如果自己不采取任何行动，别人也没理由夸奖自己。除了同事，也要多看看老板与家人的优点，多说正面的话，营造一个正面评价的环境，长久累积下来才能获得他人赞美，提升专注力。

> **！ 专注力要领**
>
> **多做让人夸奖的事情，才能获得奖励，提升专注力**
>
> ☐ 平时多夸奖他人，并多认识会夸奖自己的人
>
> ☐ 跟否定派的人保持距离
>
> ☐ 被夸奖很开心，但要礼尚往来

向职业运动员学习一星期、一个月、一年的节奏

■ 职业运动员是学习专注的好典范

你觉得自己可以专注多久？应该不会太久，十五分钟？三十分钟？顶多一小时。

每份职业都要求不同的专注密度与专注长度。职业棒球选手就是很好的例子，先发投手、中继投手与救援投手的专注程度就不一样。先发投手要有耐力可以投完好几局，救援投手要非常专注，不能丢掉任何一分。

我们看一场球赛，看的只是几个球、几个选手，但是对职棒选手来说，必须整个赛季都维持在最佳状态。只把一场比赛打好，其他都打不好也是不行的。说得更残酷点，只有

两三个赛季打得好，也算不上真正的职棒选手。归根到底，
每个人要按照自己的工作内容，来决定该有的专注节奏。没头
没脑地就说"我要专注一小时"，真是大大浪费了你的专注力。

■ 你需要三种时间轴来提升专注力

我们前面探讨过一天之内工作的专注节奏，接下来我们参
考职业运动员发挥专注力的节奏，并将其套用到一般人身上。

首先是"一天"，基本上我们不可能一整天都专心工作，
就算只撑八小时都办不到。所以必须故意在某个时段降低专
注力，这也就是所谓的休息。

"我今天要专注一整天！"听来志气比天高，可惜还是
空谈。比较合理的做法是安排降低专注力的时段，其他关键
时刻才发挥专注力完成工作。午休时间、通勤时间、实在专
心不起来的开会时间……这些都是降低专注力的绝佳时机。

其实也可以利用这种思维来安排一周的节奏。蓝色星期
一的上午特别没精神，星期三小周末就是不想动，星期五筋
疲力尽，应酬或出差的隔天真的很累，每个人多少都有这种

专注力低落的日子。以前一到星期五我都特别开心，因为周末要到了，但是最近星期五我总是疲劳大爆发，工作不甚顺利。仔细总结，发现星期二是工作效率最好的日子。

接着拉长到以月为单位，关键是先找出需要专心的日期，比如"这件事要在期限前一周做到某个程度，所以这一周要特别专心"。

女性还要考虑生理期这个重要因素，生理期容易出现焦虑、疲惫、嗜睡等现象，连现代医学也很难控制。生理期期间不容易专心，但其他健康时期就该尽量安排重要事项。目前社会还是以男性为主导，对女性不够体贴，希望大家安排日程都能考虑到身边的其他人。

> ### ■ 只要目标明确，甚至可以持续专注、
> ### 持续努力一整年

最后是应用题。偶尔可以想象一下一整年的专注行程，方法是敲定近期的目标，例如考生希望大考前半年的模拟考可以拿到高分，大考前三个月已有实力可以考上高一点的志愿。

不需要参加入学考试的社会人士，若要安排一年的行程，常常就会慌了手脚。但是无论什么工作，每年一定都有跟大考一样重要的行程，比如过年、公司结算、报税等。

碰到这些重要时期总是兵荒马乱，不得不专注处理，但迫在眉睫了才努力专注并不是最好的方法。如果希望顺利度过这些时期，应该尽量未雨绸缪，提早安排行程，避免把宝贵的专注力浪费在兵荒马乱上。

！ 专注力要领

向运动员学习调整专注力

☐ 刻意安排降低专注力的时段

☐ 以周为单位来说，就是决定专心的日子

☐ 以年为单位来说，就是找到明确的目标

决定适当的时间限制，
创造高密度的专注力

■ 只有"时限"还不够

几乎每一本谈专注力的书都会提到"时限"。这些书经常提到紧张感会产生专注力（例如"必须在时限内完成"），也提到如何决定时限（例如"要在几天内完成这本题库"），可见人的天性就是要有时限的压力，做事才不会拖泥带水。

决定时限对专注力来说非常重要，因为时限会产生"时间压力"（time pressure）。但是光决定时限（时间区域）还不够，同时还要决定作业的"内容"与"份量"。而且应该先决定作业的内容与份量，再决定时限才算合理。如果作业的份量与时间对不上，对专注力会有不良影响。

　　我们都很清楚，如果一件事情的难度超过自己的能力，就会无法保持专注，反而开始上网、看邮件、找些别的事情来做。另外工作的份量也很重要，如果目标工作量远大于时间内可完成的量，人就会自暴自弃，但如果份量太少又会偷懒，觉得"这件工作只是小菜一碟"而懒得动手处理。

　　如果要专心工作或读书，不仅要决定时间，也要决定内容与份量。在开始工作之前敲定明确的时间，限定明确的份量，做好准备才能发挥专注力。

　　"开头的 PPT 要在三十分钟内做好。"

　　"花一个小时做完题库第五页到第十页。"

　　本书不断提到工作内容明确有多么重要，因为我们一定要做好准备才能专心做事。

■ 决定"时限"的诀窍，就是预留"超时"时间

　　决定做什么之后，再按照作业的内容与份量决定适当的

"时限"，决定时限并没有特别的规矩，但我们可以想想有什么技巧。现代人诸事缠身，应该经常用下个预定行程来决定当下的行动。

"下午四点要开会，所以四点前要做完。"

"我想六点下班，所以要及时做完。"

刚才提过，如果工作的内容与份量没有正确符合时限，工作可能就做不完，或者接近时限的时候威力爆发，做完的时候已经超过时限一点点。

用下个预定行程对自己施压，进而提升专注力，其实不是个坏方法。时限的压力会刺激正肾上腺素分泌，但关键在于压力的程度，必须是"有点急""有点紧张"才好。如果事情很简单，专注力会保持沉睡，但如果逼你在一两分钟之内发挥百分之百的专注力，也是难如登天。

这么看来，我们不应该太轻松地估计时限，最理想的方法是按照估计时限扣掉五分钟。例如，原本估计一小时就改成五十五分钟，原本估计三十分钟就改成二十五分钟。

这"五分钟"并没有科学根据，有些工作可以扣掉十分钟，这一扣会让你觉得难度比较高，但是只扣两三分钟就没什么感觉。

重申一次，要按照"内容"与"份量"来决定"时限"，时限是为了逼你提升专注力，如果工作内容简单、份量少，或者太过困难而无法完成，时限都会失去意义。

我们要好好利用"时间压力"。利用手机的计时功能是个好方法，也可以买个时间显示特别大的专用计时器，价钱不用太贵，可以是数字的也可以是模拟的，自己喜欢就好。而把设定"专注计时器"变成你的"预备动作"，就是更聪明、更合理的专注技巧。

> **！ 专注力要领**
>
> **分配时间与作业份量，做好"专心的准备"**
>
> ☐ 利用计时器妥善分配时间
> ☐ 规定每天要花几小时完成几页，并且每两小时检查成果

"作业亢奋"的效果，
可以让你"再撑一下子"

■ 利用"作业亢奋"的长处，让你"再撑一下子"

很多主张毅力至上的人喜欢说："再撑一下子！"而实际上只要用对方法，这种老派的毅力口号也可以成为专心致志的强力手段。

"再撑一下子"其实是一种获得科学证实的大脑机制，被称为"作业亢奋"。据说是德国神经科医生埃米尔·克雷培林发现的。

克雷培林打造了近代精神医学的基础，几乎每本神经科教科书都会提到他。克雷培林的成就不仅限于医学，日本也有人利用克雷培林发明的作业曲线，研发出适职测验项目"内田克雷培林精神检查"。

可能有些人见识过内田克雷培林精神检查。那是一张纸，上面写了许多数字，你必须把相邻的两个数字相加，写出下一位数的数字。测验分前半部分与后半部分，各十五分钟，做起来相当漫长。

实际接受测验的人一定会觉得乏味，而光听测验内容也觉得简单又无聊。

但有趣的是，受试者一开始做得心有不甘，但会越做越投入，速度越来越快，正确性也越来越高，这种现象就称为"作业亢奋"。各位应该都有类似经验，打扫、念书、工作这些事情一开始都让你提不起劲，但做下去就无法自拔。

作业亢奋的原理，是多巴胺刺激大脑奖励系统中的伏隔核。

伏隔核的特色是需要一定程度的刺激才会活化，可以说它慢热，正是因为它慢热，我们才需要时间提升专注力。

而且即使一开始不想做，做完了依然会有成就感，成就感会刺激大脑的奖励系统，提升斗志与专注力。

■ "积沙成塔"与专注力的复利效果

　　我们都需要一点时间来发挥专注力，但不能因此就说"反正要花时间，我就把时限订得松一些"，这可能反而让自己偷懒，丧失专注力。

　　作业亢奋最强的时候，也是专注力最高的时刻，正是工作后半到结束这段时间。工作都要结束了，专注力才达到巅峰，听起来真浪费。

　　"我好想收工，但是再撑一下好了。"

　　"我好累，但是再拼一下子好了。"

　　像这样就是专注力最高的状态。

　　关键在于"不要拼过头"。克雷培林发现了作业亢奋，也同时发现作业亢奋并不持久，如果撑太久，效率会迅速降低，疲劳迅速累积，反而更容易失败。为了"再撑一下子"而导致过劳、睡眠不足，就是本末倒置了。让我用个抽象的方法

来解释，原本打算做到"1"，最后撑到"1.01"，就已经是很
了不起的复利。假设一年三百六十五天都做到"1"，那么：

$$1^{365}=1$$

但是一整年都做到 1.01，就是：

$$1.01^{365}=37.7834343329$$

可见只要每天都撑到 1.01 就够了。每天都想拼到 1.5，
甚至 10，从脑科学观点来看完全无益于专注。

！专注力要领

"再撑一下子"很重要，"别撑过头"也很重要

☐ 一旦做上瘾，就再撑一下子

☐ 目标是多做百分之一

第 四 章

在网络时代维持专注力的五大诀窍

提升效率的行动工具，
反而会大大降低专注力

■ 高科技反而会降低专注力

"我的手机在响？"

很多人应该都有类似的经验：以为手机在响而连忙拿出来看，结果没有来电也没有短信。以为是自己的错觉，却又担心放回去会错过什么，结果专注力就变得涣散。

这种现象还没有正式名称，但是应该可以管它叫"幻想振动症候群"。

"我在等一通公务电话。"这种紧张状况还可以理解，但是我们不可能随时都在等公务电话，其实九成都是等社群网站的信息更新。

现代社会的社群网站太过发达，造成民众开始担忧一些
不重要的信息。

想必很多人都会担心自己要是晚回复别人的邮件或帖文，
就会被自己的社会团体冷落排挤。这种惶恐造成民众过度依
赖社群网站，也就打乱了专注力。

"手机随时收信，可以提升工作效率。"

"安装这个可以帮忙处理工作。"

"利用平板电脑来处理公务。"

智能手机与平板电脑越来越普及，取代了个人电脑在学
习、工作与休闲上的地位，可能就有读者耳朵上挂着耳机用
iPod 听音乐，身边的手机开着社群网站，手上还正看着本书。

移动设备带来了方便，是现代人不可或缺的必需品，甚
至有人少了移动设备就做不了事。但是这些方便的高科技，
也经常破坏现代人的专注力。

　　笔记本电脑勉强可以塞进公文包，但是不能像手机一样塞进口袋。我们偶尔看见有人在电车上使用笔记本电脑，但绝对不是多数，因为你要从包包里掏出笔记本电脑，还要花时间等它开机。这些因素让笔记本电脑被局限在桌上使用。

　　但是手机与平板电脑都很容易掏出来，开机也不花多少时间，只要有电，随时随地都能使用。所以大家时常趁着念书、工作、做家务的空当拿起手机玩两下，而每次拿手机来玩，你就打断了自己的专注力。

■ 联机烦恼，脱机也烦恼

　　焦虑是专注力的大敌，现代人有一种前所未有的焦虑感，就是网络与社群网站所带来的。

　　日本曾经发生过严重的"霸凌"，原因是看了信息却没有立刻回复，即"已读不回"。脸书（Facebook）和推特上的内容虽然不必实时跟进及回复，但现代人身边依然充满了提升效率的方便设备，矛盾的是这些设备反而降低了人的专注力。

　　我做了一张检查表，让读者看看网络与社群网站是否降低了你的专注力。检查表并没有明确规定"得几分就是网络成瘾"，不过要是符合三项以上，你的专注力可能已经被移动设备给影响了。

！ 专注力要领

请检查你对移动设备的依赖程度

☐ 感觉无法克制自己使用手机

☐ 感觉自己太常用手机

☐ 社群网络的朋友重于现实朋友

☐ 亲友曾经说你太常用手机

☐ 没有手机就会焦虑

☐ 不去没有网络的地方旅行

☐ 曾经因为网络或手机与亲友吵架

☐ 偶尔出现幻想振动症候群现象（误以为手机振动）

当文件变成邮件……文书工作杂乱无章的陷阱

■ 邮件会打断专注力

20 世纪的文书工作是模拟性质的工作：用笔写字，用计算器算数，把文件装到信封里。如果说有什么事情会打断工作，就是主管、同事叫你做事，或者有人打电话来。

现代办公室几乎每张桌子上都有电脑，无论写字、计算、邮件往来，都在电脑屏幕上解决，乍看之下真是方便。

但是电脑也有许多陷阱，让你变得散漫、缺乏专注力。

比如邮件就经常破坏人们念书与工作的专注力。工作到一半突然看到邮箱有新邮件通知，就忍不住要回信。如果邮件的内容可以马上回复倒也还好，但如果需要向他人确认才能回复，或是当下无法立刻回复，这件事就会在脑袋里挥之不去，破坏好不容易激发出来的专注力。

　　然而身处网络时代难免要处理邮件，如果觉得一时不能回复就暂时放着不管，雪片般飞来的邮件会把自己压垮。我就有些患者被邮件压垮，挖苦自己是个"邮件抑郁症患者"。

　　脸书和推特属于专用网，比较容易公私分明，但是邮件通常都是要事，难免破坏你的专注力。

　　后面会详细说明处理邮件的技巧，比较实际的做法是设定一个时段，统一处理所有邮件。逐一回复雪片般的邮件，绝对无法维持你的专注力。

■ 这种桌面逼你不断执行文书工作

　　危险的不仅是邮件。严格来说，几乎所有工作都可以在电脑上完成，包括制作文件、电子表格、PPT，以及上网、调整行程、安排工作、看影片、听音乐等。或许有人会用随身携带的移动设备连接云端，但大多数人都还是会用电脑主机。

有人会用电脑进行我没提到的其他工作，造成多任务，但是前面已经说过，不断切换工作项目的多任务行为会使专注力涣散。

模拟信号时代要切换工作项目比较费时，要从架上找出文件，找到文件还要找文具。如果又要写文件，又要算数字，又要准备其他文件，办公桌的空间就不够用了。

但是电脑桌面要开多少文件都行，文件夹、电子表格、PPT、浏览器、邮件、行程表、待办清单……我想肯定有人在工作时，打开了很多程序。同时开启许多程序，不仅会消耗过多内存，影响电脑运转，还可能降低电脑用户本身的处理能力。

模拟时代切换工作项目很麻烦，但是电脑只要点个鼠标就好，结果反而引诱人不断切换工作项目，造成专注力涣散。

桌面上有一大堆图标的人，请先试着减少桌面图标。习惯同时开一大堆文件与程序的人，请一次只开一个要用到的程序。

！ 专注力要领

一件事情告一段落后再换另一件

- [ ] 整理桌面的图标
- [ ] 不要同时开启多个文件
- [ ] 邮件不要来一封回一封，找个时段统一回复
- [ ] 只开当下要用的程序

"边做事边上网"容易
让工作拖泥带水

■ 网络上的多任务会降低思考能力

"边看书边聊微信真的没办法专心。"

"事情做烦了就想看脸书，结果更浪费时间。"

应该有很多人有这样的切身之痛。网络专家一致认为，工作中上网玩手机（上网多任务）的缺点多于优点。

传统的多任务只是边听音乐边做事，但现代人边上网边做事，或者边玩游戏边做事，效率明显降低。

"做事玩手机""做事上网"的缺点简直罄竹难书。北卡罗来纳大学的克里斯多福·鲁丁斯博士，整理出了上网多任务的弊病。

最严重的就是无法专心，无法做决定，思考能力迟钝。过度依赖网络与社群网站，会让专注力偏离真正该专注其上的正事，造成专注力涣散，而且还容易过度摄取咖啡因，造成睡眠不足。鲁丁斯博士表示："喜欢多任务的人容易被媒体信息转移专注力，反之，不常多任务的人，只要发现专注力开始转移就会主动控制回来。"感觉自己必须同时做很多事情的读者，最好留意自己是不是有多任务的问题。

■ 网络成瘾的陷阱

"网络成瘾"已经成了社会问题，原本的成瘾是无所事事地挂在网上到处浏览，现在则是社群网站成瘾，迷上贴文与回文而无法自拔。

网络成瘾通常是指长时间使用网络，不用网络就会心神不宁，但又无法靠自己的意志力戒除网络。这种成瘾纯粹由网络造成，与药物、酒精无关。社会创造了"网络成瘾"这个名词并四处流传，医界一直讨论怎样的程度才算网络成瘾，后来诺丁汉特伦特大学的马克·格里菲斯教授提出了六个判断标准。

① 明显度：网络支配了生活、思维与行动

② 心情变化：只要一上网就会亢奋

③ 抗性：亢奋造成网络使用量越来越高

④ 戒断症状：一旦不使用网络就会心情恶劣，甚至身体不适

⑤ 矛盾：网络上的表现与日常生活（工作、社会关系、兴趣等）相反

⑥ 复发：即使控制数年，最后还是回到原本的行动模式

不用说，一到六全都会妨碍专注力。

"工作中必须上网查数据。"

"工作中需要连上云端平台。"

现代的商务形态肯定无法避免使用网络，但请读者千万记住，上网多任务不仅会降低专注力，还可能引发网络成瘾。在这个容易掉入多任务陷阱的年代，专心处理一件事才是基本原则。

! **专注力要领**

不要什么都做一下，规定自己"几点之前做这件事"

☐ 现代人容易陷入多任务状态

☐ 若你喜欢什么都做一下，请试着一个时段只做一件事

☐ 工作或念书时避免使用手机与网络

如何避免"电子邮件""社群网站"打断专注力

■ 决定检查邮件的时段

前面提到"作业亢奋"这个名词，读者是否还记得？意思是刚开始不想做的事情，做久了就会沉迷，我个人最近感受到的作业亢奋则是擦鞋。

人的专注力与斗志并不会突然提升，换句话说，要花点时间才能产生作业亢奋。不同的作业内容与个人差异，都会影响准备时间的长短。

有人懂得利用作业亢奋维持专注力，并且获得成果。但也要知道，不断回复邮件会打断你的专注力。

无论马上回还是等一下再回，邮件都会打断专注力，我认为应该没几个人能够迅速回完邮件，转头又完全专注于工作处理。

先看过邮件再思考怎么回复，其实也能帮不少忙，因为看邮件时你会担心"是不是马上回比较好""还是思考一下再回""还是问过老板再回"，结果重复看同一封邮件，浪费时间。

邮件不像微信这种社交软件那么实时，它是一种可以保留的通信手段，只要利用这个特色，就能大大避免被邮件打断专注力。详细的方法，后面会解释。简单来说就是先决定一个时段，长度为十到十五分钟，专心地回复邮件。

时段越明确越有效，例如"早餐之前花十分钟看邮件""傍晚喝咖啡的时候花十五分钟看邮件"，其他时段基本上都不要打开邮箱。

■ 社群网站比邮件更容易上瘾

邮件能快点回当然好，但晚点回也没关系。脸书帖文也没人规定要马上回应。

但是 QQ、微信之类的软件就不太一样，它们的响应时间不需要太长，但是讲求迅速，响应速度甚至与普通对话相当。

有人认为这种接近"即时"的沟通工具，比电子邮件更容易让人上瘾，就好像马上见效的猛药，比慢慢见效的普通药更容易让人上瘾。

有人每两三分钟就会拿手机来看，或者开电脑工作却常常检查邮箱。我建议这种人可以每三十分钟就设定一分钟的"网络时间"。

也就是关掉手机电源，把手机放进抽屉或包包专心工作，三十分钟之后才能花一分钟上网看社群网站，这个做法的关键是严格遵守"网络时间"。

若要避免被社群网站打断专注力，方法类似治疗网络成瘾，基础是参考邮件处理，决定一个"社群网站休息时段"。

或者使用某些可以强制隔离社群网站，或限制上网时间的 APP，比如 Google Chrome 就有一个扩充功能叫作"StayFocused"。

可以针对某个网站设定每天的浏览时间，一旦超过时间就会限制存取，当天无法再看这个网站。

应用程序日新月异，就算我介绍再多，也很快就会过时。不过容易社群网站成瘾的现代人，至少应该知道有这种扩充功能与应用程序可以利用。

> **！ 专注力要领**
>
> **限制看邮件与逛社群网站的时间，掌控你的"作业亢奋"**
>
> ☐ 专注力一旦被邮件打断，就不容易恢复
> ☐ 确定特定时段来检查邮件
> ☐ 网络游戏容易成瘾，很难戒除
> ☐ 选择特定时段逛社群网站
> ☐ 使用某些 APP 限制逛社群网站的时间

飞机、电影院、演唱会……珍惜可以长时间脱离网络的时光

■ 不能上网的地方反而罕见

这一章看下来或许有人觉得："我可能网络成瘾了……"只要上网你就能找到一大堆网络成瘾的检查表，日本的国立医疗机构——久里浜医疗中心是日本网络成瘾研究的领头羊，它的官网可以下载国际标准的网络成瘾程度检查表。

不过，我们有个简单的方法可以取代复杂的检查表。

"你能不能不带手机，出门两小时？"

冷静想想，两小时不上网、不看社群网站其实不会有什

么大问题，但实际上应该有很多人就算出了门，满脑子还是想着社群网站。老实说我也没信心自己能冷静度过没有网络的两小时。

难道社群网站和智能手机已经像空气、水一样不可或缺了吗？我们没有空气或水当然无法专心，但是社群网站和网络毕竟不是空气或水，没有网络还是可以生活，网络并非不可或缺的东西，甚至坏处还多过好处。以前日本城市里的地铁没有信号，搭地铁的时候不能用手机也不能上网，是个练习戒断网络的好时机。但是 2013 年 3 月起，东京地铁全线都能使用手机，从此在地铁里上网就像呼吸一样简单。

在获得方便的同时，人们肯定也更加无法忍受"断线"的状况。难道我们无论去哪里都要找信号，无法忍受一刻的"断线"？

■ 珍惜"脱机时光"

换个角度来看，我们或许成了"信号的奴隶"，现代人的生活就是不断关注有没有信号。我们爸妈那一代看到这种"为了网络而活"的人生，肯定会觉得不对劲。

如果你被手机分散专注力，变得涣散不专心，那么人家笑你是网络奴隶，你也无从反驳。想要脱离网络奴隶的身份，必须练习如何"脱机"，而维持专注力的关键，就是确保一段完整的"脱机时光"。

我们身边有许多电影、演唱会、舞台剧之类的娱乐，有人参加这些活动还是开着手机，只是转成振动，但这可是完全脱离网络信号的绝佳时机，参加活动期间请务必关掉手机电源。

另一个"脱机空间"，就是飞机。目前飞机上禁止使用电子仪器，有些飞机虽然可以使用无线网络，但原则上还是不准打电话或上网。

乘飞机是交替感受"联机"与"脱机"的绝佳机会。

如果读者有机会乘飞机出差，请利用这个机会锻炼你的专注力。利用飞机上不能上网的时段办公或休息，是很难得的机会。

安排脱离网络的时间，代表你有机会摆脱破坏专注力的邪恶网络。除了我举的例子，上美容院或许也是个好机会。别因为"不能上网"而不满，要珍惜"不能上网"的时间。

！ 专注力要领

"练习脱机"是专心的第一步

- ☐ 重新思考"随时能上线"究竟好不好
- ☐ 试着不带手机出门两小时
- ☐ 试着去电影院看电影，或是听现场演奏会
- ☐ 乘飞机是摆脱手机的绝佳时机
- ☐ 当你觉得没有手机会焦虑，就可能已经网络成瘾

第 五 章

强化专注
力的八个
生活习惯

"每天吃早餐"是
专注的第一步

■ 早餐可以唤醒身体与大脑

我们在生理时钟的部分就说过早餐很重要，一定要吃。大脑利用葡萄糖产生能量，想也知道刚起床当然要补充葡萄糖。

但是很多人明明知道早餐的重要性，还是没能每天吃早餐。

"我不知道早餐要吃什么。"

"早上懒洋洋的，没胃口。"

我常听人这么说。

先想想早餐的内容吧。虽然说葡萄糖真的很重要，但不代表早上光吃甜滋滋的糖质食物就好。

结论是不要只吃糖分，而要均衡摄取蛋白质和脂肪。只吃一个面包或一个饭团或许也比不吃好，但是算不上营养充分。

2007 年，日本大冢制药的樋口知子研究员，率领团队研究早餐内容与当天专注力的关联性，并将结果发表在日本临床营养学会期刊上。内容是将受试者分为四组，研究当天的专注力与疲劳度。四组的早餐内容如下：

① 西式早餐（吐司、水煮蛋、沙拉、酸奶）
② CalorieMate（日本大冢制药生产的能量补充食品）
③ 没有馅的饭团
④ 不吃早餐

第一到第三组的摄取热量设定得差不多。

结果第一组与第二组的体温上升幅度高于第三组与第四组，当天工作效率也比较高，这也就是以科学研究证实了营养均衡的早餐有利于发挥专注力。

■ 安排简单方便又能每天吃的早餐

下一个问题是有些人明知道早餐很重要，却无法每天吃早餐，例如"早上没精神也没胃口""刚起床脑袋还没清醒，不想吃早餐""睡到快迟到，时间只够吃一个饭团"。

如果你早上精神差到没办法吃早餐，请检讨你的夜间生活有没有问题。是不是熬夜或睡前吃消夜打乱了生理时钟，早上才不想吃早餐？早餐没吃，午餐跟消夜就要吃得更多，吃得更晚，早上也就更不舒服。

早上精神差的人不需要吃太多早餐，只要起床后一小时之内吃少量但营养均衡的早餐就好。

■ 麦片、酸奶、水果是优良早餐

要是家里有人帮忙做早餐就太棒了。但是独居或双薪家庭应该很难自己准备早餐，像我就是其中之一。

出去吃早餐的话，早餐内容也是越来越丰富，有日式、西式的各种早餐，任君选择，出去吃就不需要自己准备。但是应该还有些人认为出去吃花时间，希望在办公室或家里吃。

我个人最近都是吃西式早餐，麦片加酸奶配葡萄柚汁或柳橙汁。除了麦片，也可以考虑玉米片，它们都是谷类的加工食品。麦片应该是最容易准备，营养又最均衡的早餐食品，最近市面上还有加入干燥的水果和坚果的麦片，营养一样相当丰富。

起床后一小时之内要吃营养均衡的早餐，只要遵守这个原则，内容怎么安排都行。早餐要每天吃，养成良好的饮食习惯才有好的专注力。

> ### ！ 专注力要领
>
> **早餐是专注力的根源，一定要吃**
>
> ☐ 起床后一小时之内要吃早餐
> ☐ 不要只吃饭或面包，最好加上鸡蛋与沙拉
> ☐ 吃麦片，简单又营养

养成运动习惯就能
提升专注力

■ 运动的时候可以专心做其他事情？

去健身房，总会看到有人边骑健身车边看书，你会不会怀疑他们其实无法专心？

"运动与专心"究竟有何关联？首先来探讨边运动边动脑做其他事情究竟好不好。如果只是看看杂志，做些简单的判断与阅读，那么搭配适度运动会比静静坐着要好。当然我不是说跑百米或马拉松之类的激烈运动，而是健身车之类的轻度运动，美国伊利诺伊大学的研究团队就提出报告，指出边做简单运动边回答电脑上的问题，成绩会比坐着不动要好。

　　所以当你发现自己的专注力正在降低，可以试着站起来做事甚至边走边做事，来维持你的专注力（当然也取决于做事的内容是否适合）。

　　但是运动的重要性并不只是这样临阵磨枪。运动确实可以提升当下的专注力，让心情更舒畅，而静静坐着开会只会让人想睡，并且失去创意。然而活动身体刺激大脑清醒，毕竟只是运动的"急性"效果。

■ 运动习惯可以给你持续的专注力

　　我们更应该了解运动的"慢性"效果，运动确实可以影响人的情绪，但是运动强度多大？频率多高？答案就在抑郁症的运动疗法之中。

　　抑郁症有一种"运动疗法"，大多数研究结果都出自美国，研究的共同结果是每周运动三到四次（会流汗的强度），并且持续三到六个月，才有治疗成果。

　　运动可以刺激大脑的血清素受体活动，人的心情会因此舒畅，减轻抑郁。动物实验则显示运动可以刺激大脑分泌神经所需的养分，强化脑神经的结合。

脑神经的变化不是一天两天就会出现，必须养成运动习惯，慢慢改变大脑。

■ 专注需要强弱交替、节奏与体力

习惯与节奏的关系密不可分。人一天的活动有强有弱，关键是白天要清醒，晚上要放松。白天可以靠活动来消耗能量，提神醒脑，最自然的活动就是运动。

我们出生在现代社会，有人白天靠咖啡因提神，晚上靠安眠药入睡，这当然是不自然的生活。

一般人以为专注力是大脑的事情，类似气势与斗志，除了大脑，其他都不用考虑，但请注意一个显而易见的事实：专注也需要"体力"。

慢跑、健走之类的有氧运动，可以有效活化大脑、提升专注力。每周慢跑三四次肯定能养成运动习惯，如果真的没有时间跑那么多次，至少要在周末安排运动时间。平时则在

公司爬楼梯，通勤时间多走路，将运动自然而然地融入日常
生活，这也是很好的运动习惯。

> **！ 专注力要领**
>
> **养成运动习惯，可以提升大脑清醒程度**
>
> ☐ 体力是专注的重要基础
>
> ☐ 做事搭配轻松运动更容易专心
>
> ☐ 生活要有节奏，强弱交替

习惯周末睡到饱的人，平日请务必提早三十分钟就寝

■ 经常性的"时差涣散"会降低动力

放假会比平时多睡三小时以上的人，平时的专注力很可能相当涣散。前面说过"睡不饱是专注力的大敌"，很多人平时睡不饱，假日就一次睡很久，希望能还睡眠债。

然而"平时睡不饱，假日可以一次睡回来"这个思维基本上是错的，睡眠只能欠却不能还，会亏却不会赚。

比如大家应该都有这样的经验——星期天睡到中午，当天晚上就很难入睡。星期天晚上睡不着，是不是很烦恼呢?

结果星期天晚上晚睡，星期一还是要早起，而晚上的睡

眠时间不够，造成星期一在生理与心理上都疲惫不堪。

　　每周末都出现时差，对维持生理时钟来说相当不妙，星期一的沉重疲惫一路延续到星期二、星期三，一定很难专心做事。如果平时无法发挥应有的能力，人生未免太过浪费。

■ 口诀是比前一天提早三十分钟

　　当我对患者或同事这么说，他们总是回答："如果平日能早睡，我哪里还会烦恼？"

　　没错，我可以建议"至少半夜十二点要睡""试着比平常早睡一小时"，但是对方听了也是当耳边风，心想反正办不到，干脆连试都放弃去试。我没有规定周末应该多睡多久，但如果多睡超过三小时，应该就会打乱生理时钟。至少避免多睡两小时以上，才能避免蓝色星期一。

　　把三小时除以五个上班日，一百八十分钟除以五等于三十六分钟。

　　三十六分钟有点不好算，那就请你试着每天比前一天早睡半小时吧!

应该有不少人认为晚上的一小时相当珍贵，就算只是挂网发呆，看电视当"沙发马铃薯"，都是珍贵的休息时光。要把这一小时的休息时光拿来睡觉多浪费？还是多放空一下好！这种心情我也理解。

我个人认为"早睡一小时"对刚开始努力的人来说门槛太高，三十分钟应该是可以试试看的长度。

如果有读者连半小时都觉得可惜，先从十五分钟开始也没关系。所谓积沙成塔，每天睡眠不足就像温水煮青蛙，会慢慢累积大脑与身体的伤害。如果你认为星期一特别累，特别无法专注，就应该检讨自己平日是否睡眠不足。

> **！ 专注力要领**
>
> **睡眠债可以欠，但还不了**
>
> ☐ 睡眠节奏正常，工作能力就会提升
> ☐ 从早睡十五分钟开始，慢慢加长到三十分钟、四十五分钟
> ☐ 睡前最好禁止自己上网

"小睡十五分钟"可以
让疲惫的大脑复活

■ 在想睡的时候小睡片刻，效果较好

　　前面说到平时早睡三十分钟弥补睡眠不足的方法，或许还是有人觉得办不到，因为理论与现实总是难以两全。

　　其实有个方法，真的只要睡十五分钟就能恢复专注力，就是前面提过的"小睡"十五分钟。

　　人想睡的机制有两个，一个是睡不饱所以想睡，另一个是生理时钟进入想睡的时段而想睡。

　　生理时钟最想睡的时段当然就是晚上，但是下午一点到三点，生理时钟也会进入想睡时段。我们可以靠小睡来解决

睡不饱的问题。

　　根据许多研究，最佳的小睡时间是十五到三十分钟，如果希望速战速决，最短就是十五分钟，科学研究也证实，人在入睡十五分钟后开始进入非快速动眼期睡眠的第二阶段。

　　非快速动眼期睡眠有四个阶段，阶段越高，睡眠深度越深。第一、第二阶段属于浅层睡眠，第三与第四阶段属于深层睡眠，深层睡眠时的脑波比较缓慢，所以也称为"慢波睡眠"。

　　如果小睡睡到第三、第四阶段那么熟，睡醒之后脑袋会迷糊一段时间，专注力反而会降低，所以最好的小睡是在浅层睡眠阶段就醒来。

■ **如果希望提升专注力，最少需要"十五分钟"**

　　但是睡太浅（只到第一阶段）就起来，休息效果也不够好，小睡要睡得好，前提是稍微进入第二阶段的非快速动眼期睡眠。

　　许多实验结果显示，进入第二阶段的小睡可以提升下午的工作效率，提升专注力，但问题来了。

"要睡几分钟才会进入第二阶段？"

这点真的是因人而异，通常十分钟太短，但睡二十分钟就会进入第二阶段，所以我取中间值十五分钟。

当然不需要刚刚好十五分钟，只要在进入深层睡眠之前醒来就没问题。没有科学证据证实进入第一阶段就醒来的超短小睡（如一分钟小睡、三分钟小睡、五分钟小睡）能够解决睡眠不足的问题，恢复下午的专注力。不过现代人有网络、手机等大量视觉刺激，我认为就算只是几分钟的"冥想""发呆"，短暂隔绝视觉刺激，应该也有休息与恢复专注力的效果。

目前还不清楚第一阶段睡眠的科学效用，或许日后会有人证实它的提神效果。

"我连十五分钟都没得睡。"

"怕睡了被别人说闲话。"

有这种烦恼的人，至少可以趁午休时间闭上眼发呆几分钟吧。短时完全中断工作闭目养神，至少比散漫地硬撑一个下午更能恢复专注力。

> **！ 专注力要领**
>
> **下午两点左右小睡可以恢复专注力**
>
> ☐ 白天想睡是生理时钟的影响
>
> ☐ 小睡包含非快速动眼期睡眠第二阶段（浅层睡眠）
>
> ☐ 没时间小睡，闭目养神几分钟也行

深呼吸可以提升
专注力

■ 太紧张的时候，就需要"松口气"

"打起精神！"

"全心投这一球！"

一想到专心，我们就会同时绷紧身体，但是从医学观点来看，专心反而是一种"放松"行为。就好像棒球的投手，投得太用力球就会飞太高。

如果现在必须专心，当然也代表会紧张。

"今天之内一定要完成。"

"现在没时间放松。"

这种时候通常心里紧张，身体却不太采取行动，或者忍不住做起别的事情。心理焦虑会无意识地刺激交感神经（身体的油门），结果使我们心跳加速，胸口发闷，坐立难安。

碰到紧要关头，反而应该刺激副交感神经（身体的刹车）才更容易专心。刺激副交感神经最简单的方法就是深呼吸，很多运动员在正式比赛之前都会深呼吸，基本原理是一样的。

如果太过焦虑，呼吸速度加快，反而会紧张得无法专心。呼吸太快会刺激交感神经多过副交感神经，造成反效果。

■ "吐气"是提升专注力的关键

深呼吸的诀窍是尽量拉长吐气时间，这么做可以提升副交感神经的功能，提升专注力。吐气时间并没有特别的规定，如果吸气两到三秒，吐气是十到十五秒。

你也不需要计时器或沙漏，最简单的方法就是自己数数字，还可以排除多余的杂念。次数可以看时间决定，只要能深呼吸五到十次，身体就会出现明显变化。

规律的呼吸运动可以促进血清素分泌，减轻焦虑。深呼吸看来是为了放松而不是为了专心，但实际上当你内心充满焦虑与恐惧，深呼吸绝对比帮自己加油打气更为合理。

深呼吸能够让人专心，而且最大的好处是不需要任何装备，随时随地都可以进行。"加油打气"这个词的意思有点不清不楚，你可能不知道实际上该怎么做，或许可以喝杯咖啡？但别忘了过度依赖咖啡因是有害的。

深呼吸非常简单，连小孩子都会，但或许就是因为太简单才被人忽略。有些缺乏科学证实的偏方习惯可以不用尝试，但是深呼吸可是根据生理现象所发展来的技巧，不用就亏大了。

当你觉得怎样都无法专心时，请挪出时间来深呼吸，这样不仅可以摆脱拖泥带水、涣散怠惰的问题，还对健康有帮助呢。

> **！专注力要领**
>
> **长长地吐气，可以在短时间内"调节心情"**
>
> ☐ 紧要关头越焦虑，就越难专心
>
> ☐ 发现自己太过紧张，请利用深呼吸帮助自己冷静下来
>
> ☐ 刺激副交感神经，调整状态

"说"与"笑"可以
刺激大脑

6

■ **若执行难度不高的工作，同时与他人聊天可以提升专注力**

　　每个人应该都有过这种经验：明明没有睡不饱的问题，但独自做事或念书久了就是想睡。或者参加无聊的会议，听无聊的讲座，即使前一天睡得很饱，久了一样觉得困。

　　人类的专注力难免会受到好恶、关切重点的影响，喜欢的事情可以专心做，不喜欢的事情就无法专心。

　　但话说回来，总是那些"不想做的事""不想碰的事""不得不做却让人不开心的事"特别需要专心。一个人做这样的事情，难免会专注力涣散、胡思乱想、想睡觉。

我们说过，沟通对生理时钟很重要，其实说与笑还可以维持你的专注力。

找别人聊天乍看之下好像会妨碍专注力，但实际上有正面的功效。

第一个好处，就是碰上刚才说的独立工作、无聊会议时，聊天可以增加刺激，避免专注力降低。

我们当然不能边聊天边工作，但是当你发现自己"专注力降低""想睡觉""想做点别的事情"，请试着在不妨碍对方的前提下找别人聊天交流。

■ 说与笑可以调节心情

找人聊天请注意不要流于抱怨，要尽量减少语气中的负面情绪，例如，"做起来不太顺""糟糕，不专心的话会做不完"等。正面的内容才有助于调节心情，同时也是提醒自己"不可以抱怨"。

但是也不要聊得拖泥带水、逃避现实，毕竟对方肯定有

事情要做，当然能够快点聊完最好。另外别只是诉说自己的
不满，最好能带对方一起抱怨（例如"我也做得不是很顺"）
才能增加参与感。

或许考生最擅长使用这招备考不拿手的科目，考试过
程很痛苦，所以要到处找人吐苦水，才能维持动力，继续
准备考试。

但是当我们进入社会，就不太喜欢找人吐苦水了。怕被
人发现自己的软弱，怕给对方添麻烦……但我还是希望大家
记住，找人说话可以提升专注力。

更进一步来说，如果对话过程能穿插着笑声，专注力更
能得以提升。根据我的临床经验，笑具有抗抑郁、抗焦虑的
效果。而且笑不仅可以放松心情，还可以活动脸部肌肉，对
大脑肯定有好处。

社会上应该没有那么多会笑的高手，但是对话越开心，
专注力就越会得到提升。"抱怨工作的时候开心笑"听起来
有点矛盾，但如果能往这个方向走，对话就能更简洁，聊完
也不会觉得抑郁。

！专注力要领

碰到不太困难的工作，可以夹杂开心的对话与真心的笑，有助提神醒脑、提升专注力

☐ 感觉专注力降低，就找人随便聊聊

☐ 分享彼此的焦虑与不满，可以调节心情

☐ "笑"可以更加提升专注力

"孤独"与"同侪压力"
有什么优、缺点

■ 独自一人埋头苦干，很难控制情绪

前面说到找别人聊天可以提神醒脑，但是碰到困难的课题可不一定如此。一个人比较专心，还是一群人比较专心？这可能是永远无解的问题。专注力这种事情因人而异，有人在小包厢、小空间里面比较专注，有人喜欢图书馆、咖啡馆之类的开放空间，被一群人盯着才不敢偷懒。

朋友或旁人的评论与视线会造成压力，称为"同侪压力"，利用同侪压力确实是一个好方法。

最常见的方法，就是向众人宣布"我要考某个证"，或者在咖啡馆、餐厅之类的公共空间念书。考学校也一样，宣

布"我要考上某所学校",或是在图书馆念书就好。

但是总有不适合这种做法的状况,比如下面这些状况。

"这件事请务必在一小时之内完成!"

"如果搞砸了,没赶上,我的社会信用就完了!"

对,就是生死关头的状况。

人在生死关头就会心跳加速,听不到周围的噪声,不管身边有谁都能专心致志。

但在生死关头也会对妨碍专注的刺激特别敏感,只要听到小孩哭声或大声闲聊,绝对没办法专心。

在生死关头要专心做事,却碰到旁人捣乱,你肯定会变得情绪化。在工作来不及的时候听到小孩子哭就失去理智,或者好不容易专心做事,亲友上前关切却被你一顿臭骂,或许人在紧要关头比较没有办法控制情绪吧。

■ 有时候"孤独"才能让人专注到浑然忘我

如果你完全不想被打扰、被干涉，那肯定会孤独。孤独的原则是排除任何让你分心的噪声。再举个准备考试的例子，假设明天就要考试，今天晚上不得不临时抱佛脚，都已经焦头烂额了，你绝对不会想跟朋友碰面。真正的专注或许是一种孤独的能量，让你不受同侪压力的影响。佛罗里达大学心理学院的 K. 安德斯·艾利逊教授研究了西柏林音乐学院学生的练习状况，发现顶尖的小提琴练习生比平凡学生更常独自练习，而且独自练习的时候最为专注。同侪压力或许可以维持一定程度的动力与专注力，但真正让人浑然忘我的"专注"，或许需要真正庄严肃穆的"孤独"。

不过长期孤军奋战会消磨心力，对于专注，最好是随机应变，有时候利用同侪压力，有时候处于孤独环境。

我个人还是认为真正的专注建立在"孤独"之上，像我自己碰到必须专注的场合，也一定会设法独处，比如躲在小房间里避开他人眼光。如果你想专注，请挑选适合自己专注的环境。

! 专注力要领

孤独会增强专注的效果，但会消耗心力

☐ 极度紧张反而会降低专注力

☐ 想专注必须控制情绪

☐ 安静环境与多人环境交互使用，效果最好

快乐的期望
永远不嫌烦

■ 有快乐计划的人，当下总是更专注

有句话说，"工作能干的人，个人生活一样精彩"。

反过来说，不懂得利用假日的人，工作表现通常也不怎么样。虽然没有客观数据证明这件事，但看看身边的亲友，应该大致符合吧？

如果希望在专注时间段有良好表现，就要好好安排休息时间。所以我们要"安排休息的计划"。

我强烈建议读者在开始专注之前就安排好休息计划，我想那些能干的人，都懂得提早安排好假日计划的优点。

日本有许多长假，像是黄金周、暑假、年假，最近还有九月连假，号称"白银周"。而且最近开始推行快乐假日制度，三天连假的次数越来越多，2015 年就有六次三天连假。

我们不可能每次长假都出去玩，但要是长假都没有计划，只是在家附近闲晃，未免也太过浪费。

日本政府给民众这么多假日，其实是因为日本特有的风气——私人企业不太给员工放年假，所以不好好利用宝贵的国定假日就太浪费了。

■ 就是因为忙才要更早决定

问题是很多人没有事先安排假日计划，拖到真的要放假了，就自暴自弃地说"反正出门也是人挤人，真是懒得出去"。不安排假日计划的理由很多，比如想不到何时该请假，朋友的时间排不定，放假得处理小孩的事跟家务，但我想大家没有先安排假日计划最大的理由是这个：

"太忙了，没空提前安排假日计划。"

以前日本公司都会组织员工旅游，员工不用自己安排计划，即使后来个人主义盛行，员工旅游渐渐式微，只要去旅行社柜台询问，还是有很多方案可以选择，选了之后交给别人处理就好。

但是现在连旅游行程都可以自定义，每个人、每个家庭都想要不同的地点、住宿、餐饮、娱乐。网络订票更加提升了行程自定义的方便性。

但是方便自定义的另一个意思，就是什么事情都得自己安排，我最近就在计划全部自己动手上网订行程。自定义可以满足自己的喜好，但老实说真的有点麻烦。

■ 如何让"三个月之后"的计划更有效率、更充实

现在这个时代，或许连安排比较特别的旅行都需要专注力。那干脆狠下心来，找一天专心安排三个月之后的长假要怎么旅行，到时候才不会手忙脚乱，玩起来也更愉快。

最好在行程表上先标明"今天要安排暑假旅行计划"，我想懂得专注的人都会先安排个充实的假日。如果打算"利

用工作空当安排假日"，最后总是忙得忘了这回事。请务必
专心安排假日，不要被工作忙昏头。我们已经提过很多次，
要奖励自己的大脑，而成功安排假日的充实感，一定能带来
下一波的斗志与专注力。

! **专注力要领**

"开心的计划"是给大脑最好的奖励

☐ 提早安排休假计划

☐ 期待三个月之后的假期，可以提升当下的斗志与专注力

☐ 打造充实的个人生活可以提升工作效率

第 六 章

六种休息
好方法让
你持续专
注

工作中休息是
不对的?

■ "偷闲片刻"可以提升专注力

"我应该休息多久,休息几次才能提升专注力?"

这个问题很难回答,要看你的工作内容和当天的身体状况,我只能告诉你"因人而异"。

体力劳动的疲劳程度较高,自己一个人不可能做太久,做到某个地步自然就会觉得"不行,该休息了"。

但是以电脑为主的文书工作,疲劳类型完全不同。累的是眼睛、肩膀、腰,最严重的当然是大脑。但是这些部分不会像体力劳动那样明显地感觉疲倦,所以很容易错过休息时机。

　　大脑与身体的疲倦，会严重影响专注力，而且自己并未意识到的疲倦更是严重。读者应该都有经验，如果累得发呆还在念书，会念得拖泥带水，什么都记不住。

　　之前我们还可以靠抽烟来调整节奏，大家一起去屋顶或楼梯间抽支烟，聊天休息之后回到办公室。过一两个小时又想抽一支，再去休息一下。抽烟同时也有与他人交流的好处，真是个休息的好借口……不对，好理由。但是现在开始禁烟，如果太常抽烟会被人侧目，而且也只能在小小的吸烟区抽，光摄取尼古丁却不能聊天，这就是现代人抽烟的实况。我当然知道抽烟对身体不好，但从专注的角度来看，抽烟确实有让人定时休息、放松心情的效果。未来有没有什么可以取代香烟的好东西呢？

　　"我去看会儿脸书。"

　　"我去玩会儿手游。"

　　现在越来越多人的休息时间是边喝咖啡边上网，或者玩游戏，但是这种上网玩游戏跟抽烟不同，甚至可以边上班边玩，反而成为扰乱专注力的凶手。

■ 上课时间六十分钟，是保持专注的极限

前面说过，目前没有科学证据告诉我们应该休息多久，但是我曾经去哈佛大学医学院参观，他们把每堂课的时间从九十分钟改为六十分钟，理由是"考虑到学生的专注力"，这应该是个很好的证据。

美国人上课比较喜欢积极发问、积极讨论，所以课程会有中断，他们肯定无法忍受日本人这种被动听讲的模式。日本大学一堂课通常是九十分钟，但除非是非常有趣的课程，否则大多数学生都会半途睡着。很多人认为学生想睡是因为课程内容无聊，却没什么人注意时间太长的问题。老实说我自己也没信心能专心听完一堂九十分钟的课。

听课是被动的，如果改成主动投入某件事情，专注力的维持时间也会不同。最近很多国外大学把课程改成团体讨论，在课堂上提出作业，或者改为参与式课程。

但是，目前日本大学大多还是采用一个人在讲台上滔滔不绝的模式，而且没有欧美那种发问打断讲课的文化，再加

上时间长达九十分钟，专注力根本不可能很好地得以维持。

　　我认为连续专注听课九十分钟非常困难，应该在一堂课里面适度安插休息时间，不过，也不可能叫学生半途去抽支烟。合理的方法应该是趁老师讲解不重要的段落时回顾笔记内容，想象接下来的课程。就算半途打瞌睡也没关系，快快醒来还可以恢复专注力。别担心自己打瞌睡，要告诉自己睡醒了会更加神清气爽，更能专心听讲。

> **！ 专注力要领**
>
> **以专注力无法维持九十分钟为缘由，安排休息时间**
>
> ☐ 被动听讲或听课，很难持续专注九十分钟
>
> ☐ 专注不需要抽烟，稍微喘口气也行
>
> ☐ 趁老师讲解不太重要的段落时做点听课之外的活动，例如回顾笔记

专注力有限，但不必自己决定极限

■ 专注力可以持续多久？

人可以持续集中精神多久？我们知道有很多种说法。大学一堂课九十分钟，所以专注时间是九十分钟；电视节目一段是一小时，所以专注时间是六十分钟。如果是短时间的竞赛，可能只有几分钟。

不同的工作内容，对应不同的专注力，所以硬要规定人的专注力可以持续多久是无稽之谈。争论专注力可以持续十五分钟、三十分钟还是一小时，实在毫无意义。

只有一件事情很清楚：人类无法长时间维持专注力，至于长度是几十分钟还是几小时就不清楚了。能够专注的时间长度，取决于工作内容与当时的健康状况，总之专注力是有限的。

■　决定极限的优、缺点

事先决定专注时间（例如专注力只能维持六十分钟，或者三十分钟就要休息）其实有好有坏。前面就提过，设定时限是提升斗志与专注力的好方法。

"几点之前把事情做完，我们喝一杯！"

"今天不要偷懒，几点之前做完下班。"

考虑到疲劳程度，设定时限是相当合理的做法，也是工作与学习不可或缺的技巧。但从另一个角度来看，设定时限也有坏处，比如有些人比较慢热，等他们好不容易专注起来、燃烧斗志的时候，时限就已经到了。

前面提过很多次"作业亢奋"，就是一开始做起事来没兴致，做久了却难以自拔。这是因为大脑伏隔核受到多巴胺的刺激，开始享受自己正在做的事情。

好不容易等到"作业亢奋"却被迫停止，就没机会发挥专注力。

我们确实必须硬性规定一段专注时间，但有时候也可以"做到不想做为止"。

■ 专注时间也可以通融

弹性思考自己的专注时间十分关键。日本将棋高手谷川浩司九段，就在著作《专注力》中提到自己管理专注力使其能够持久的方法。

"如果作业时间短，我会在开始作业之前先进入专注状态，而且一路持续到最后……如果时间长，我会将专心与放松相交替，保留实力到最后。"

专注力不像泡面或咸蛋超人那样，被规定一次只能持续动作三分钟，其实我们可以自己安排长度。

最后我要介绍一个理论，这个理论认为最好不要给专注时间设限。斯坦福大学心理学系的凯洛尔·S.杜耶克教授做过实验，结果显示人们相信自己的专注力没有极限，反而容易有好的表现。实验内容是有两组学生，一组学到"精神力与专注力有极限"，另一组则没有，结果学到有极限的学生专注力比较低下，而且容易吃垃圾食物，表现总是比较差。

可见我们有时候需要帮自己的专注力"解除限制"，日本传统的毅力论或许就是这个理论的直觉运用，真是令人玩味。

毅力论是不好的，但硬性规定专注时间也不会很有效率。谷川浩司九段说："作业时间长短不同，提升专注力的方法也不同，但有了专注力才能达成目标。"这说法有些模糊，总之按照时间与目标来调节专注力是比较实际的。

！ 专注力要领

别事先给专注力套上枷锁

☐ 作业时间短，就提前开始专注

☐ 作业时间长，就插入休息时间

"腻了"就是"该休息"的信号

■ "作业亢奋"之后就是疲劳

"越做越顺手"这种感觉是因为大脑分泌多巴胺，进入一个专注力较强、较持久的"作业亢奋"状态。

但有时候我们也会觉得"真是累了""腻了"。腻了或许就是大脑感到了疲惫，感觉腻了或累了意味着专注力降低。专注代表大脑偏向某个功能，有些部分全速运转，另外一部分则进入睡眠状态，壁垒分明。全速运转的部分大脑，还是需要在某个时间点休息，最好是在"作业亢奋"逐渐消退的时候，说得更简单些就是感到累了、腻了的时候。

如果觉得腻了还勉强工作，就会在"作业亢奋"之后引发"作业亢奋后疲劳"，也就是专注力涣散、容易分心、工作质量降低、发呆等不良表现。这时候最好的行动当然是"休息"，让使用过度的部分大脑获得休息，才有能量投入下一阶段的工作。你可以喝杯饮料，做套伸展操，散散步，如果是中午还可以小睡一下。

但我们知道总有些时候不方便休息。

■ 想休息也不行的情况

"期限快到了，没时间休息。"

"明天要考试了，火烧屁股。"

明明身心俱疲，腻到不想做事，却还是没时间休息，或者烦得没办法休息——我想大家都碰到过这种恼人的状况。

其实有个妙招可以克服这种状况。

我们说过，专注就是大脑明确分为活跃部分与休息部分，如果我们用休息部分来工作，就算已经又累又腻，还是可以骗大脑多做点事。

具体来说，像我们准备考试，累了就换一科来念。如果都在准备英文，背单词累了就改练英语听力，或写英文作文。工作上可能比较难用这招，硬要说的话比如做 PPT，可以从最后一页 PPT 往回做，为工作增加一点变化，这都可以拯救又累又腻的大脑。

不过"休息"依然是最高原则。无论我们怎么轮替使用大脑各部位，也不会消除长时间连续工作的心理压力。考虑到专注力要全面，有勇气决定"休息"也是很重要的。

当你觉得"累了""腻了"却还在勉强工作，工作会漏洞百出。与其浪费时间犹豫要不要休息，不如干脆早点决定休息，大脑才会更快恢复活力。

> **！ 专注力要领**
>
> **与其犹豫不决，不如干脆休息，更能迅速恢复专注力**
>
> ☐ 专注之后感到疲倦，就是该休息的时候
> ☐ 发现自己表现变差，就换件事情来做
> ☐ 改变做事的顺序也能改变心情

不得不熬夜
的情况

■ 工作赶不及，只好熬夜？

我在本书中不断强调"无法专心的时候就小睡片刻""生活就该早睡早起"，但是无论怎么强调"睡不饱会伤害专注力"，人们还是会碰到这样的情况。

"明天早上就到期啦！"

"我才刚开始念书！"

"熬夜"会破坏健康的睡眠，我当然不建议熬夜，原则上我们应该妥善分配工作时间，确保赶上期限。

但人生不如意事十之八九，自己明明工作勤奋，却还是会发生意想不到的状况。

比如"客户突然逼我们明天把东西交出来"之类的。

■ 如果不得不熬夜，该如何专注

我们来考虑有突发状况的时候该如何专注。时限迫在眉睫，火烧屁股，应该没有人会认为：

"现在不是很想做，慢慢来好了。"

"等等再做就好。"

没时间代表不想做还是得做，但勉强做事会让人烦躁、三心二意，事情做得不顺就更烦躁，最后陷入恶性循环。

生理时钟在夜间会进入体温降低的时段，大脑与身体本来就会比较烦躁，无法发挥平时的能力。老实说这时候应该好好睡觉，甚至准备一个熬夜用的小睡计划，更能使人冷静工作。

■ 熬夜时的小睡法

当你决定熬夜，就要考虑该在何时补觉，这时候只好使用"多段式睡眠法"（把一天的睡眠时间分成许多段）。你知道今天晚上一定要熬夜，下午就该小睡久一点，算是熬夜的暖身运动。

在下午一点到三点之间睡一个半小时左右，这段小睡可以减轻熬夜时瞌睡虫的侵扰程度。

但是实际上我们受到生理时钟的影响，大脑与身体入夜后就是想睡，尤其凌晨两点到四点之间的体温最低，大脑与身体也处于高度休眠状态。

这个时段最好小睡片刻，但如果睡太熟会一觉到天亮，所以小睡时间为十五分钟。睡觉的时候当然不能把灯关掉，否则醒来可能已经是中午或傍晚了。

灯光明亮，身体才会感觉自己像在午睡，请设定闹钟，泡好咖啡，千万不要睡过头。

但我要重申一次，用这个方法不代表你"每天都可以熬夜"，这只是用来应付紧急情况的。就算用这招撑过难关，之后一两天身体还是会很累的。

> **！专注力要领**
>
> **碰上紧急状况需要熬夜时，诀窍在于"小睡"**
>
> ☐ 最好趁中午先小睡九十分钟左右
> ☐ 这毕竟只是"应急手段"
> ☐ 晚上体温降低，比较不容易专注

咖啡与绿茶……咖啡因的正确用法

■ 过度依赖咖啡因的问题

前两节提过当你觉得"累了""腻了"就该休息或改变作业内容,但还有更快的提神方法,就是利用咖啡因。

咖啡、红茶、绿茶,还有提神饮料红牛,都含咖啡因,很多人摄取咖啡因是为了消除睡意、消除疲劳,或者调节心情,或许还有些人一定要喝咖啡才能专心工作。

毫无疑问,咖啡因的提神作用有科学根据,喝下去三十分钟就会开始影响大脑,效果可以持续四到五小时(视量而定)。如果大脑又累又想睡,咖啡因会是个有效的刺激。

但是咖啡因摄取过量的副作用可不只有失眠，或许还会让你白天烦躁不安，并造成肠胃负担。

■ 喝超过几杯才算咖啡成瘾

每天要摄取几毫克的咖啡因才算过量，并没有明确定义，但是药理学已经证实，过量摄取咖啡因有害健康。以体重五十公斤的成年人来说，一小时内摄取三百二十五毫克，三小时内摄取八百五十毫克的咖啡因，就会造成心悸、焦虑、胃痛、胃胀之类的中毒症状。

不同的冲泡法咖啡因含量不同，参考值是一杯咖啡含有八十到一百五十毫克，一杯红茶约三十毫克，一罐红牛约八十毫克。

"连喝三杯咖啡来打气！"这种鲁莽的喝法只会伤害健康。

我们也要注意上瘾的问题，你或许会很惊讶，咖啡因其实少量就能上瘾。

"不喝咖啡就打不起精神工作。"

"喝一杯咖啡，身体才比较舒服。"

有这种想法代表你已经上瘾了。或许不喝不至于焦虑，但会让你心神不宁，而且久了还得多喝一两杯才有效果。

我就是其中一个。每天都喝咖啡的人应该都有轻度成瘾问题。

■ 咖啡因的正确用法

其实我还有很多事情要说，例如睡眠与咖啡因之间的关系，但本节先专心探讨专注力与咖啡因的关系。讲到咖啡因的正确用法，其实方法很简单，减少摄取次数，只有当天的关键时刻才使用咖啡因。

早上喝杯咖啡没问题，但上午上班喝一杯，午餐吃过喝一杯，下午醒脑喝一杯，开会无聊喝一杯，晚上加班喝一杯……这种喝法就会产生前面说的咖啡因副作用。

请限制每天的咖啡摄取量（例如一天三杯），并且只用在当天最关键的时刻，才能获得正确的咖啡因效果。

不同饮料的咖啡因含量也大不相同，有无咖啡因的咖啡，也有星巴克大杯咖啡（十二盎司含有二百六十毫克咖啡因）。本节没有全面注明各种饮料的咖啡因含量，就是因为注明了也没用。

如果希望更精准地使用咖啡因，最好避开含量不清不楚的饮料，改用含量固定的粉剂或锭剂。我经常给患者开咖啡因药粉治疗睡眠问题，药店也售卖相关药品。

"没事就想喝一杯咖啡"的人应该好好检讨。而红牛的用意就是让人在关键时刻才打开来喝。当然我还是要重申，咖啡因过量是不好的。

> **！ 专注力要领**
>
> **只为了提神与专注而喝咖啡**
>
> ☐ 标明咖啡因含量的饮料，请勿饮用过量
> ☐ 不要想喝就喝，只有关键时刻才喝

绿意可以使人恢复专注力

> ■ 大自然的绿意令人感觉幸福与满足，
> 有助于提升专注力

对生活在城市里的人来说，绿色大自然的功能特别强大。我们应该重新审视大自然花草树木所带来的恩泽，因为它们不只可以帮助人放松，还可以提升专注力。

研究显示，在办公室里放盆栽，或者到有绿意的公园散步，可以提升人类的幸福感与满足感。

得州大学圣马可斯自然中心的提那·凯德副教授，研究了得州四百五十名职员的工作满意度与办公室环境（重点在于有无植物）的关系。结果显示，办公室没有窗户或任何绿

意的职员，满意度只有百分之五十八，但在绿意环境下工作
的职员，满意度高达百分之八十二。

尤其女性特别容易受到绿意的正面影响，另外像漂亮的
装饰、花卉，也都容易影响女性的工作心情。如果女性读者
发现自己工作缺乏满足感，请务必在座位附近放些盆栽。

■ 除了能令人放松，绿意还有什么效益

这项研究是调查绿意对工作满足感的影响。满足感与
专注力或许会互相影响，但并不是同一件事。不过另外一
项研究指出，人在绿意中散步会比在水泥丛林中散步更具
专注力。

密歇根大学心理学院的史蒂芬·卡普兰教授率领团队进
行研究，让受试者分别在市中心以及花花绿绿的植物园中行
走，测试他们的专注力。结果在植物园中行走的人，专注力
大约高出百分之二十。

有 ADHD 的孩子到大自然中可以减轻症状，这或许也是
大自然的恩泽之一。城市里确实有许多文化刺激，却也可能

同时降低人类原有的专注力。

日本城市的问题是缺乏绿意，东京和大阪的绿意比例明显低于伦敦、纽约等欧美大城市，就算想接触绿意，也缺乏先天条件。

但是请别担心。

美国伊利诺伊大学的弗朗西斯·郭准教授率领研究团队，研究了女学生的专注力。

女学生分为两组，住进公寓里进行实验，一组的公寓只能看见住宿大楼与停车场，另一组的公寓可以看见中庭草皮。

各位应该猜得到，可以看见草皮那组的专注力比较高。可见天然绿意不仅可以放松心情，还能提升专注力。你不一定要去森林或公园散步，只要在办公室里放置欣赏用的绿色盆栽，就可以提升专注力。

很多人的办公桌上可能只有电脑、手机等科技产品。好的产品固然可以提升工作效率，但放些花草如仙人掌之类的小盆栽，或许是我们没发现的天然专注法。

> **!　专注力要领**
>
> **绿意可以恢复衰退的专注力**
>
> ☐ 累了就看看室内的盆栽，或窗外的绿意
>
> ☐ 在绿意中散步可以恢复专注力

第 七 章

靠心灵控
制来锻炼
专注力的
五个条件

心灵安稳是专注
的门槛

■ 抑郁是专注最大的敌人

"跟主管闹翻了。"

"跟老婆吵架好痛苦。"

"突然需要用钱，只好动用存款。"

天底下没有人完全没烦恼，人在世上多少都有一两件烦恼事才对。

人就算有些烦恼，只要工作差不多专心，放假差不多开心，其实一点问题也没有。但是有些人工作中在烦恼，放假也一

样在烦恼，这种人可能会因为自己的烦恼而造成心灵动摇，
因此当然无法发挥专注力。

如果烦恼可以解决，那么在讨论如何提升专注力之前应
该先解决烦恼。如果烦恼很难解决，我建议找自己信任的亲
朋好友商量，或者吐苦水。只要有人愿意倾听，就算没办法
解决实际的困扰，还是能减少自己的焦虑与惶恐，提升耐力。

■ "适应障碍"造成身心失调

不过，有些烦恼就是无法找别人商量，也无法解决。

"主管每天都仗势欺人，还使用暴力。"

"老婆说要跟我离婚。"

"我帮亲戚当保人，结果扛了一屁股债。"

"健康检查发现我有胃癌。"

这种重大的烦恼会造成非常沉重的压力，每个人对抗压

力的耐性都不同，有人抗压性强，有人抗压性弱。

当沉重的压力造成身心失调，可能就是所谓的"适应障碍"。适应障碍就是某个特定的事件让当事人非常难以忍受，造成心情或行动上的病态。严重的抑郁与惶恐可能让人容易哭，容易烦躁，专注力降低，当然也会导致健忘。

只要压力消除，适应障碍就会痊愈，但实际上烦恼总是难以排除，很多人长久维持在痛苦状态下，身心不断耗损，最后演变为抑郁症。

■ 什么程度才该看医生

"昨天热到睡不着。"

"最近工作量太大，好累。"

"最近应酬太多，精神变得很差。"

就算专注力降低，只要原因像上面一样明确就不需要担心，因为原因明确，你知道该怎么解决问题，就比较不会惶恐。

但是精神压力可没这么简单，就算知道原因还是不一定能冷静下来。

"反正没救啦。"

"为什么只有我这么衰！"

适度的压力有助于提升专注力，但长期陷于难以解决的烦恼之中，大脑负担会相当沉重，神经传导物质的分泌也会失调。

因为烦恼而无法专心工作，其实根本没必要去医院求诊，但如果问题严重到连别人都看得出来，例如食欲不振、体重骤减、半个月以上无法好好睡觉、白天都在发呆、经常迟到或旷工，就该考虑找医生求诊。

!　**专注力要领**

光是找人抱怨就能大大改善

☐ 专注力也是身心健康的量表

☐ 焦虑与惶恐会让人犯错且健忘

如果你担心自己有 ADHD

■ 没有压力却无法专心，是一种病吗

我们提过"适应障碍"是因为烦恼或压力而降低专注力，但是有些缺乏专注力的例子却不是因为压力。

"这孩子本来就缺乏专注力。"

"他的专注力从小就涣散。"

或许有读者曾经被爸妈或学校老师这样说过。

最近在我工作的医院也有很多这样的患者，各位应该多少对 ADHD 都有所耳闻。

ADHD 是发育障碍，特色是缺乏专注力、多动、冲动，常见症状如下：

- ·无法专心听别人说话
- ·无法管好金钱
- ·很快忘记重要的事情

其实每个人多少都有这些问题，但是状况太严重、次数太多就会被诊断为 ADHD。我还在当医学生与实习医生的时候，大家认为 ADHD 是儿童疾病，只要长大成人就会痊愈。

■ ADHD 不是儿童的专利 ·

但是最近发现，有六成的患者即使长大成人还是残留 ADHD 症状，成年人的症状如下：

- ·在工作或开会时坐立不安，戒不掉抖脚的习惯
- ·开会时胡乱发言，想到什么就冲动行事
- ·容易搞丢东西，或犯小错
- ·经常赶不上时限，或重复安排同一个行程
- ·不懂得整理，房间像垃圾山一样乱

·经常冲动购物

·不听人说话，自己滔滔不绝

·无论听人说话还是自己做事，只要自己没兴趣就容易打瞌睡

这些症状不仅妨碍工作，还会严重影响日常生活，引发纠纷。

目前还不清楚 ADHD 患者的大脑结构，可能是控制专注力与行动的功能发生障碍，或者多巴胺、正肾上腺素的功能异常。

药物确实可以帮人摆脱涣散与冲动，却会出现另外一个问题，就是有人因为一些小事情便以为自己患有 ADHD，造成过度医疗。

■ 有 ADHD 也别紧张

其实我本身也有很多行为符合 ADHD 的症状，比如如果对这个人没兴趣，就不想听他说话；听到没兴趣的话题就想睡觉；做事容易腻；不断找其他事情做，等等。就连某位研

究发育障碍的权威教授，也曾经在演说开头就说"其实我也
是 ADHD 患者"来拉近与观众的距离。

看到有人比较躁动、比较不会看场面，就说这人有病，
其实是很危险的事情。为了谨慎起见，我附上一部分正式检
查表给各位参考（见 182 页）。

无论是真正的 ADHD 还是"以为自己患有 ADHD"，最
关键的治疗方法还是改善工作与生活环境。从治疗专注力涣
散的观点来看，我的建议治疗指导方针如下。

・将工作细分为小项目，列出优先级
・不仅工作内容要分类，工作空间也要隔开
・项目表不要定得太死，主管先交代的事就先做

这些建议对我也很有帮助。只要和 ADHD 和平相处，甚
至也能拥有他人没有的优点与活力。

专注力要领

只要处理得当，缺乏专注力也可以是优点

■成年人 ADHD 自我检查表

请根据您过去半年内的行动，按照感觉回答下列问题，并在右边选项中选出最适当的一项

	完全没有	很少发生	偶尔发生	经常发生	非常容易发生
1. 您在执行困难的任务时，会不会因为判断难度而难以收尾？					
2. 当您要按照计划做事，会不会不懂得如何安排得执行顺序？					
3. 会不会忘记答应别人的事情，或者非办不可的要事？					
4. 碰到需要仔细思考的工作，会否会刻意避开或拖延？					
5. 长时间坐着的时候，是否会忍不住动来动去，扭动身体？					
6. 是否有难以抑制的冲动，不做点事情就静不下心？					

※ 如果检查表中有四个以上的问题选灰色字段，就可能是成年 ADHD（本表仅供参考，详细结果必须依症状、病例与医生诊断来判断）

替自己找借口，
就是自我设限

■ 为什么考试之前特别想大扫除

"有一份数据明天就要交，但还是忍不住去写下周才截稿的文章。"

"明天要考试，我却开始大扫除。"

说来丢人，这都是我的亲身经历。心里清楚该专心做什么事情，却忍不住去做其他优先度比较低的事情，而无法专心做真正该处理的事情，我想很多人都有跟我类似的经历。

几乎所有商业书都会建议"决定待办事项的优先级""拟订待办清单""别列出想做的事，先列出不想做的事"（本书也提过其中一部分），但很多人就算想照做，还是无法下决心去做第一优先的事情。大家都会不自觉做起其他事情，如果还开始找借口说"我知道这样不好，但是没别的办法"，那就更不容易专心。

■ 如何避免找借口（自我设限）

假设我们有一份待办清单，上面只有三件该做的事，明知道排名第一的事情要赶快做，却总是难以动手。

这是为什么呢？

有个概念叫作"自我设限"，比如考试前才要大扫除、看 DVD、打电玩，或者扛下绝对做不完的工作。

这种限制自我能力，失败了也能找借口推脱做法，就称为自我设限。

当人面临不确定输赢结果的任务（如考试或工作），就很容易出现这种心理现象。

失败之后借口说"因为我忍不住打电玩""因为我没胆子拒绝",就可以减少他人对自己的负面评价。如果幸运成功了,反而觉得自己超越极限,忍不住沾沾自喜。

这可以说是一种保护自尊的行动,但也可以说是故意偷懒。说得更清楚些,这种人失败了就推脱,成功了就嚣张,无论什么情况都要把好处揽在自己身上。

■ 承认自己逃避现实,才能继续前进

想避免自我设限的第一步,就是发现自己正在自我设限。当你开始做不重要的事情,请思考是不是已经开始帮自己"找借口"。

你经常赶不上时限?缺乏准备就上台讲提案?这种工作质量差的人碰到该专心的时候很可能就会找借口,开始"自我设限"。

说难听点,自我设限,其实就是找个看似深奥的借口说自己办不到。故意拖延或开始做其他事情,就是企图避免受伤的防卫行动。

　　我要重申一次，你一定要发现自己正在"找借口"。当然把自己逼过头也不好，但如果发现自己无法专心，应该严格检查自己是不是正在逃避。

！　专注力要领

关键是发现自己正在"拖延"

☐　"自我设限"就是不肯马上做高优先级的事情

☐　请面对自己喜欢找借口这一问题

下定决心扛起责任，
才能产生专注力

■ 专注的人不找借口

读者看了上一节的"自我设限"可能会冒冷汗，但每个人忍不住都会找借口。比如：

"隔壁太吵，所以没办法专心。"

"要是电脑状况好，我工作会更顺利。"

有人喜欢厚脸皮整天找借口，有人却觉得找借口很丢脸，打死都不肯。

不肯找借口的人就是不肯"自我设限"，有决心扛起责任完成工作的人。所以不找借口的人专注力比较强，而专注力比较强的人就不愿意找借口。

这两者的差异究竟在哪里？

▦ 思考自己是不是只想着自保

假设你加入一个项目团队，但是在开始执行项目之前，你就已经预见这个项目应该不会有好结果，团队士气也十分低落，可是一旦项目失败，你也不是毫无责任，所以不能随便敷衍过去。

这种状况最难专心做事，明知道项目没机会成功，所以很难期望"名声更高""收入更多"之类的社会性、经济性报酬，也就很难提起斗志。一个人做的事情就只有自己扛责任，但是团队工作会受到自尊心与虚荣心的影响。

很多人喜欢在团队内部找"战犯"，想强调"不是我最差"，愤怒与不满甚至会扩散，影响到公司主管和公司体制（例如"为什么要做这种烂项目？"）。不专心的人就是喜欢找借口的人，事情做不好立刻怪罪到别的方向上，可以保护自己的尊严。

而且这种人可能还希望"别人更看得起我"，重视自保更甚于工作表现，实在是够难堪。

■ 努力不找借口，自然就会培育出专注力

"专心"给人的感觉有点类似自我封闭，阻绝他人的刺激，以自我为中心。但其实真正能发挥专注力的人却是严以律己，宽以待人，不找借口也不推卸责任的。

职业运动员需要顶尖的专注力，也是最好的证明。打破纪录的伟大运动员们，发表感言时从来都不提借口，成功的职业运动员就算心里有借口，也清楚地知道，只要说出口就会完蛋。

前日本职棒选手松井秀喜先生曾经深受膝伤所苦，但他从来不会找借口。"我只能每场比赛全力以赴，积少成多。所以我要专心打每一个棒次，专心投每一球。"这句话正展现出不准自己找借口的严格态度。

认为自己无法专心的读者，可能心里正在"找借口"。人心里有借口是难免，但只要养成习惯，打死不说出口，我

想就能慢慢培养出专注力。

> **！ 专注力要领**
>
> **为不专心找借口，就更无法专心**
>
> ☐ 严以律己、宽以待人，才会更加专心
>
> ☐ 下决心扛责任就能产生专注力

5

不放弃令人专注，
放弃也令人专注

放弃是专注力的杀手?

"一旦放弃，专注力就断了。"

运动场上经常有人死不放弃，保持专注，最后创造奇迹。在日本就有这样的例子，2014 年夏天，第九十六届全国高中棒球赛石川大赛，星棱高中在决赛的第九局下半落后八分，最后竟然逆转胜出，真是戏剧性的胜利。

另外一句劝人不要放弃的名言，就是漫画《灌篮高手》中湘北高中篮球队安西教练的台词：

"难道只有我觉得还有机会赢……放弃？现在放弃的话，

比赛就结束了。"

大家认为放弃是杀死专注力的致命杀手。没错，放弃确实就是不打算完成目标，失去斗志与动力。放弃会同时丧失专心对象与斗志，确实可以说是杀了你的专注力。

■ 坚持与放弃，哪种比较好

但是日本过去曾经因为鲁莽的"不放弃"而让国民陷入不幸，不用我多说，就是第二次世界大战。

更不幸的是日本直到现在还是逼人民"不放弃"，那些因为工作条件恶劣而遭受批评的"黑心企业"，想必不准员工放弃目标。

我知道这些事不具有普遍性，但全球田径锦标赛铜牌得主为末大先生，也曾经发言批判这种恶习。为末大先生在著作《放弃的力量》中，强调当我们面临严峻的现实，放弃其实也很重要。

我当然不鼓励读者随便放弃目标，一时冲动就逃避现实，而是要在放弃的决定过程中找出其他正面的意义。

放弃并不是抛下所有的可能，而是抛下一个可能，转而投入其他可能，类似战略上的转折。我们应该看情况来调整、更新自己该专心的内容。

设定自己可以专心的条件与环境也很重要。你要不断检讨："这份工作适合我吗""我的努力值得吗"，然后不断做出痛苦的抉择。

很遗憾，人类无法轻易做出选择然后专心完成。有人不想认输，不肯放弃，无法抽身。旁人觉得放弃太可惜，于是为了不负众望而拼到底。最后都丧失了放弃，或者说转折的机会。

■ 不适合自己的目标就该"放弃"

有位关照过我的医生，无论能力、成绩、人品都相当优秀，就叫他 A 医生吧。大家都看好他能当上医学院的教授，但他家里经济不够宽裕，儿子又罹患自闭症，所以他放弃当教授而出来开诊所。我记得 A 医生说过："我很满意目前的生活，能与家人相处是最幸福的。"现在他每天都专心于诊所营运和家庭生活。

乍看之下，放弃一件事情似乎像是被淘汰，但也有很多人因为干脆放弃而获得心灵上的解脱。我个人也有这样的经验。

"放弃"本来就不是断念、淘汰的意思。日本人说放弃是"諦める"，其中这个"諦"字代表"阐述真理"，代表"看清事实"。

所以当我们"放弃"一个不适合自己的目标，可能会发现下一个重要的目标，进而产生新的专注力，这或许是古今皆然的佛家智慧。

！ 专注力要领

同时追寻多个目标，就无法专心于任何一个

- ☐ 把专注力放在能赢过别人、不愿输给别人的领域
- ☐ 偶尔检查自己的目标
- ☐ 有时候放弃可以获得专注力